前 言

随着现代科技的发展，机器人不再是人们的幻想，已经活跃在人们生活的方方面面。人们可以通过电脑控制机器人，帮助自己完成各种各样的工作。

本书主要介绍机器人的基础知识，包括机器人的诞生、发展历史和未来趋势，几代机器人的特点，机器人的性能、分类、结构和相关技术，机器人在各行各业的应用情况，机器人与人工智能的异同，中国机器人概况，还选取了现实生活及影视作品中不同功能、不同种类的机器人分别加以介绍，力图让青少年全面了解机器人的信息以及机器人技术的发展概况，从而激发其对科学的兴趣。

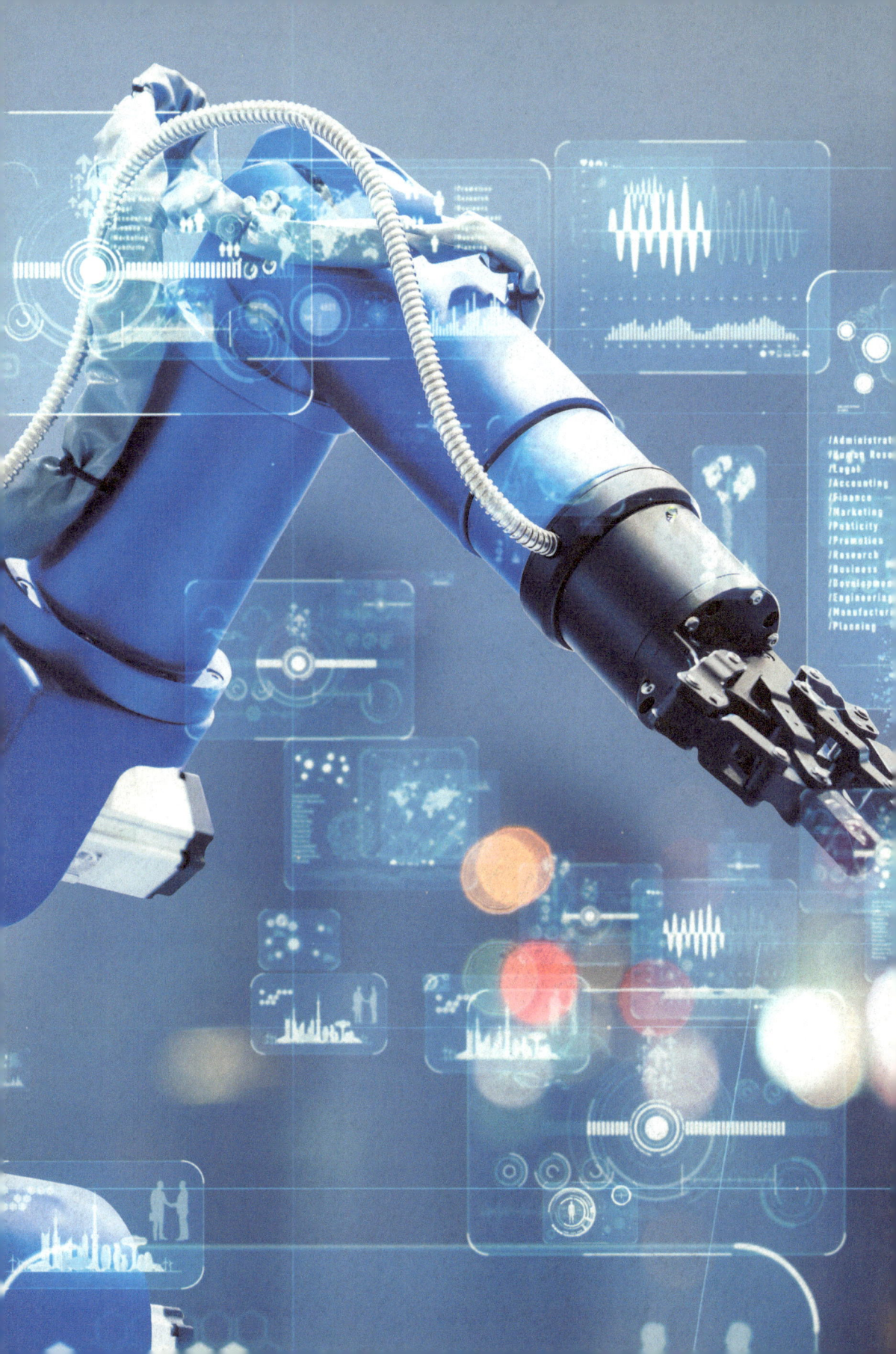

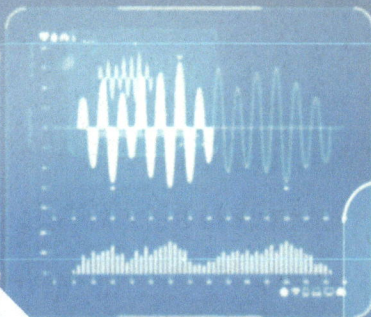

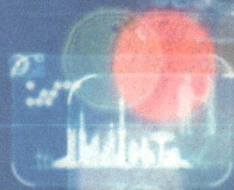

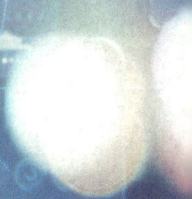

目录

什么是机器人

一般来说，我们认为机器人是一种用计算机编制程序、能靠自身动力和控制能力来实现各种功能的自动化操作机器。

▲ 保洁机器人能自动检测房间布局，规划打扫路径，提前并主动寻找充电器充电

机器人的用途

机器人是人们为了执行不同的任务而制造出来的，可以辅助甚至替代人类完成危险、繁重、复杂的工作，还能提高工作效率与质量、服务人类生活。

机器制造的"人"

地球上生活着几十亿人，人体构造都是一样的。那有没有可能用机器制造出"人"来呢？最早的机器人构想就是这样来的。

▼ 电影中的汽车人属于机械生命体，具有智慧、思维和情感。它们的身体由金属构成，可以变换不同的形状

1

是机器还是人

　　顾名思义,机器人既具备机器的性质,又有一些和人类相似的特点。作为一种自动化操作机器,机器人和普通的机器有什么区别?它又具备哪些可以被称为"人"的特性呢?

自动控制

　　机器人被称为"人",最重要的原因是它有一个自动控制程序,就像人类的"大脑"一样,可以帮助机器人进行判断、理解、逻辑分析等脑力活动。

▲ 控制机器人可以由一台微型计算机完成

机器人的基本能力

　　机器人的基本能力是感知、决策和执行。感觉系统让机器人获得感知能力,能从外界获取有用信息;控制系统让机器人获得决策能力,能根据已获取的信息进行分析,从而作出正确的判断;可移动的身体让机器人获得执行能力,能根据作出的判断进行相应的操作。

感觉系统

　　机器人拥有一定的感知能力,可以通过不同功能的传感器从外界获取信息,从而"看到""听到""闻到"和"摸到"周围的事物。

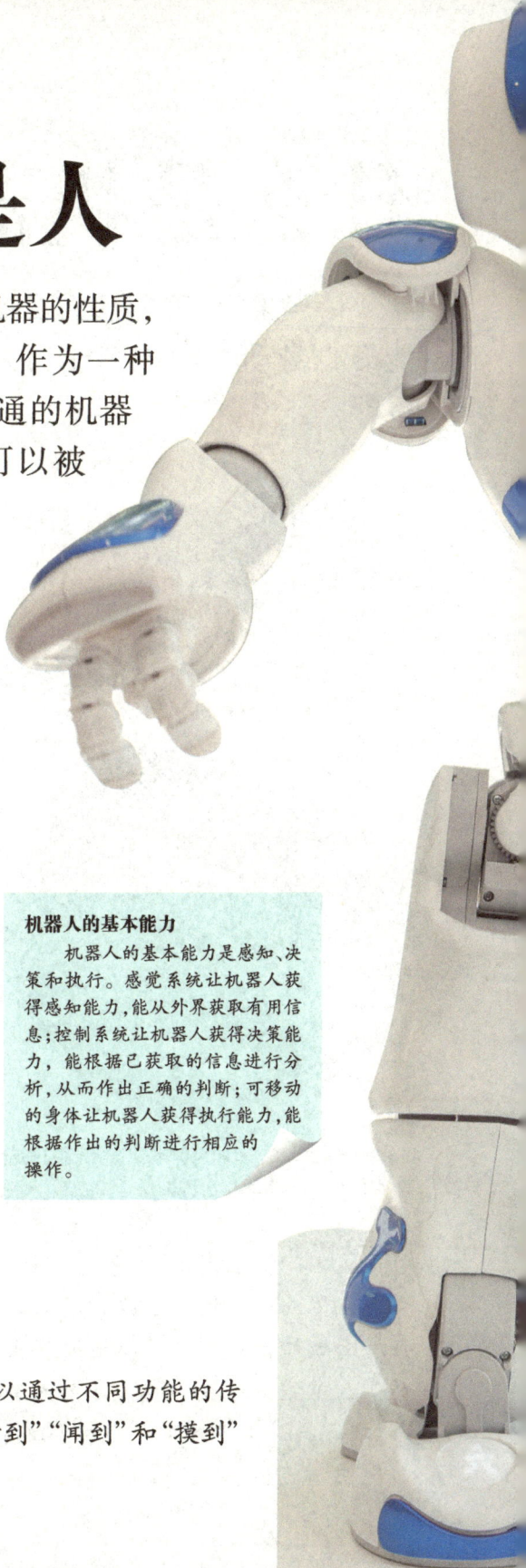

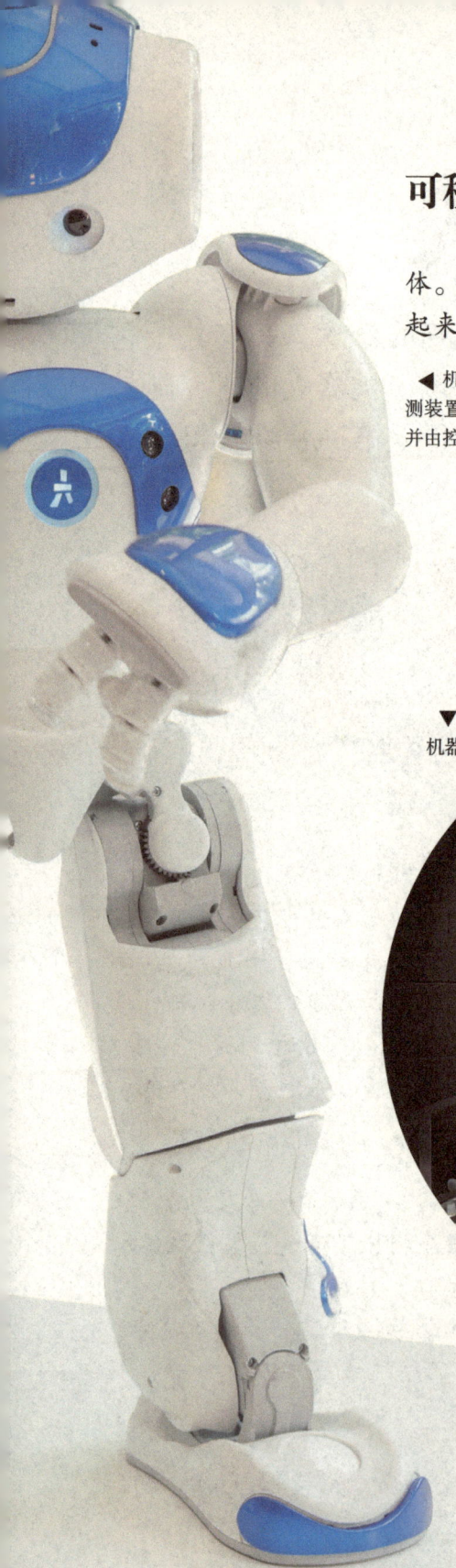

可移动的身体

　　从结构上看，机器人都有一个可移动的身体。它们不一定要有人的外形，但基本都可以动起来，有些可以整体移动，有些则可以局部移动。

◀ 机器人做动作时，检测装置会不断收集信息，并由控制系统进行调整

机器人的评价标准
身体机能: 包括身体各部件的灵活性、结构合理性等；
物理特性: 比如机器人的移动速度、使用寿命等；
智能程度: 指机器人控制系统的先进程度。

▼ 正在充电的机器人

需要能量

　　不管是机器还是人，都需要能量来维持活动。机器人当然不能像人一样吃饭，所以需要能量来为它们提供动力。

最早的机器人

机器人听起来是一个很有科技感的概念，其实关于它的研究可以追溯到几千年以前。而现代机器人的研究则是第二次世界大战之后才开始的，世界上第一台现代机器人就诞生于这一时期。

古老的传说

早在几千年前，人类就渴望制造出机器人。《列子》中就有偃师造人的传说，提到工匠用木头等材料打造出能跳舞的木偶。古希腊神话中也有关于机器人的传说。

▶ 偃师造人插图

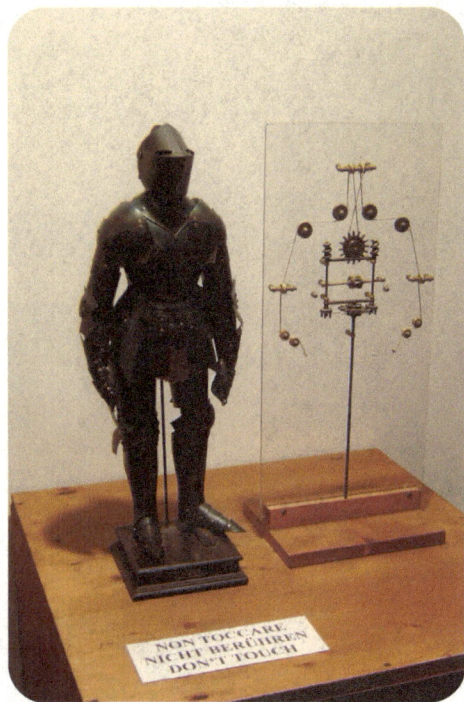

早期雏形

现代机器人的发展是从工业机器人的研究开始的。20世纪40年代，美国阿尔贡国家实验室研发出了一系列能以遥控控制的机械臂，这可以看作是工业机器人的雏形。

提出概念

1954年，美国电子学家乔治·德沃尔最先提出了通过示教让机器人实现动作和再现动作的概念，并申请了"可编程序机械手"专利。

▶ 美国于1961年授予乔治·德沃尔的专利

▲ 达·芬奇机器人模型

第一台机器人

世界上第一台真正意义上的机器人诞生于 1959 年，名为"尤尼梅特"，是美国发明家约瑟夫·恩格尔伯格利用乔治·德沃尔的专利技术研制出来的。

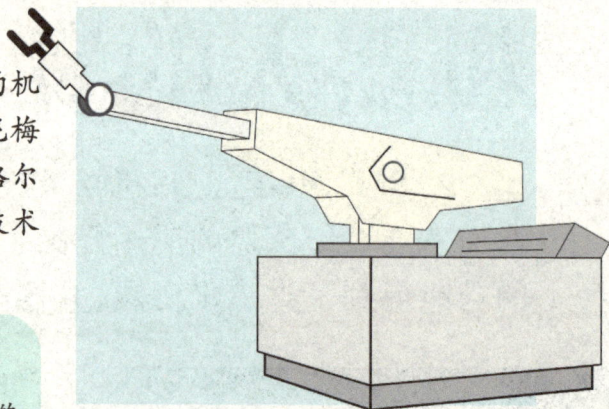

▲ 尤尼梅特机器人简略图

▼ 发条机器人有着悠久的历史

历史上的机器人

中国记载

西周时期，工匠偃师制造出了能歌善舞的乐人。

春秋时期，木匠祖师鲁班用竹子和木料制造出了能在天空飞行的木鸟。

东汉时期，大科学家张衡发明了测量路程用的"计里鼓车"，车上装有木人和钟鼓，每走一段路程，木人就会击鼓一次。

三国时期，蜀汉丞相诸葛亮发明创造了木牛流马，可以用来运送军用物资，是最早的军用机器人雏形。

国外记载

公元前 2 世纪，古希腊人发明了一个用水、空气和蒸汽压力作为动力的机器人，会自己开门，还会唱歌。

1662 年，日本人竹田近江利用钟表技术发明了能进行表演的自动机器玩偶。18 世纪，日本人在这个玩偶的基础上制造出了能给客人端茶的玩偶。

1738 年，法国技师瓦克逊发明了一只会游泳、喝水、吃饭和嘎嘎叫的机器鸭。

1773 年，瑞士钟表匠皮埃尔·德罗兹和他的两个儿子相继制造出了三个真人大小的机器人：自动书写玩偶、自动绘图玩偶和自动弹奏玩偶。

1893 年，加拿大人摩尔设计出了能行走的机器人"安德罗丁"。

▲ 瓦克逊

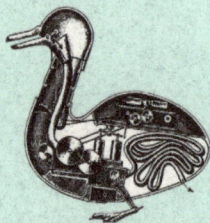

▲ 机器鸭

机器人的发展

20世纪60年代后，机器人技术开始在日本和欧洲得到快速发展。传感器的应用提高了机器人的性能，使机器人的功能得到了进一步发展，并逐渐向着人工智能进发。

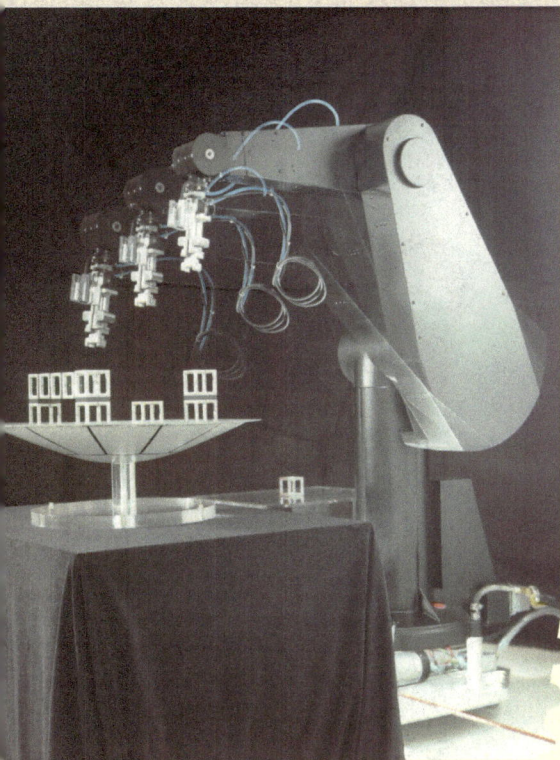

万能搬运

1962年，美国AMF公司生产出"VERSTRAN"（意为万能搬运）并出口到世界各国，使它成为像尤尼梅特一样真正商业化的工业机器人，掀起了各国对机器人研究的热潮。

▲ 用于虚拟现实开发和研究的机器人操作臂

机器人王国——日本

20世纪60年代末期，日本从美国引进工业机器人技术，投入众多人力和巨额资金，进行技术改进和创新。此后，研究和制造机器人的热潮席卷日本。到20世纪80年代，日本机器人技术发展取得了极大成功，日本人把1980年称为"日本的机器人元年"。之后，日本在机器人的种类、数量、规模和技术水平方面都发展到世界领先地位，一跃成为"机器人王国"。

技术成熟

1978年，美国尤尼梅特公司和通用汽车公司联合研制出PUMA可编程通用装配操作机器人，这标志着工业机器人技术已经完全成熟。

广泛普及

20世纪80年代后，工业机器人在全世界范围内得到了广泛普及，机器人开始向着高精度、轻量化、系统化和智能化发展。

▶ 家用扫地机器人

进入家庭

如今,机器人已经从工业领域蔓延到人们生活的方方面面,进入了千家万户。物联网、云计算、大数据、移动互联网等技术的发展也让机器人的性能不断提升,技术更加成熟。

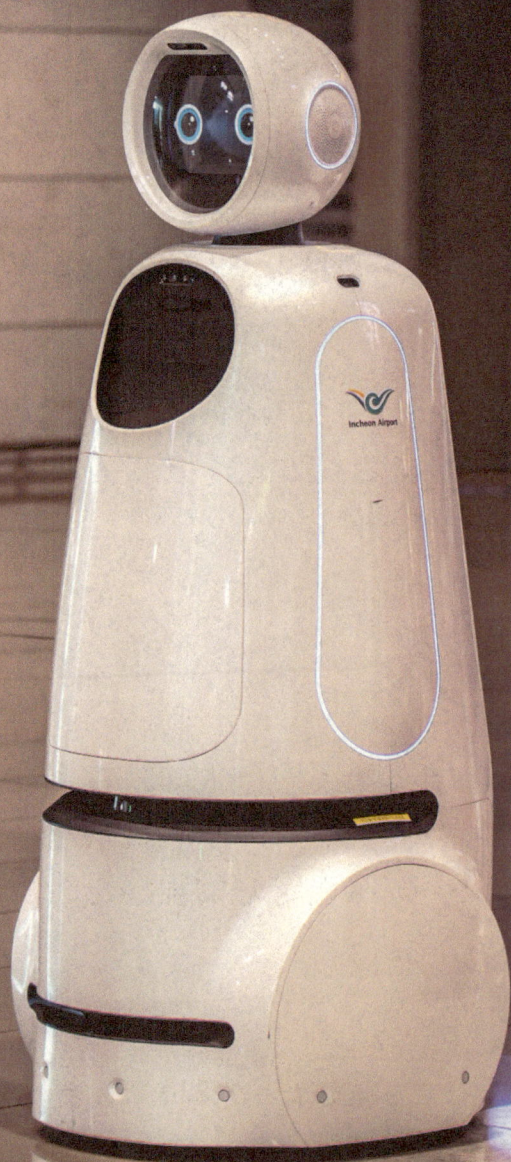

◀ 公共服务机器人 AIRSTAR 在机场引导乘客

▲ 示教器是一个手持控制和编程单元。一般而言，只要机器人程式设定完成，就无须再使用示教器

第一代机器人

现代机器人发展不到百年，却实现了两次大的技术飞跃，由此产生了三代机器人。第一代机器人即示教再现型机器人，它们的控制方式简单，只会按照设定好的程序进行重复动作。

示教再现

第一代机器人主要通过示教再现的方式来完成工作。所谓示教再现，就是靠工人事前去"教导""指示"机器人做事。

▲ 机器人模拟器

工作原理

　　第一代机器人会采取在工作现场实时编程控制的方式，通过示教存储信息，在工作时把信息读取出来，然后发出相应的指令，再现示教的结果，重复完成动作。

应用领域

　　第一代机器人能完成各种重复、频繁、单调、长时间的工作，可以代替工人在高温、有毒、高粉尘及有放射性等恶劣环境中进行工作，因此广泛应用于工业领域。

存在缺陷

　　第一代机器人存在大家公认的缺陷：机械性。它无法根据周围环境的变化作出反应，只能刻板地按照既定程序完成动作。

◀ 食品工厂的自动化工业机器人正在码垛各种食品，例如面包

9

第二代机器人

第一代机器人只会按照既定程序完成工作，对外界环境没有感知能力，即使把正在操作的对象移开，它也毫无察觉。因此，从 20 世纪 70 年代后期，人们开始研究第二代机器人。

拥有感知能力

第二代机器人和第一代机器人最大的区别在于，开始拥有类似人的感知能力，能识别其他物体的形状、大小和颜色，因此也被称为感觉型机器人。

机器人安全问题

第二代机器人虽然拥有了简单的感觉系统，但仍然不具备处理复杂问题的能力。20 世纪 80 年代，随着机器人在工业领域的广泛运用，使用机器人的安全问题也日益突出，因机器人的操作不当而造成的事故引起了人们的关注。

▶ 20 世纪 60 年代，人们将传感器技术应用于机器人，为后来第二代机器人的研究打下基础

传感器

机器人的"感觉"当然不是真正的人的感觉，它是由各种不同功能的传感器从外界获取信息，再传回计算机进行处理而实现的。

▲ 视觉传感摄像系统

离线编程示教

第二代机器人的程序任务不用去现场编制，可以在编程软件中直接构建机器人工作场景的虚拟环境，自动生成控制指令。这种方式称为"离线编程示教"。

▲ 离线编程

第一起机器人事故

1978年9月6日，日本广岛一个工厂的切割机器人在切钢板时，将一名值班工人当成了钢板来操作，致使工人当场丧生。这是世界上第一起机器人事故。此后的数十年间，日本相继发生多起机器人事故，导致数十人身亡，上千人受伤。

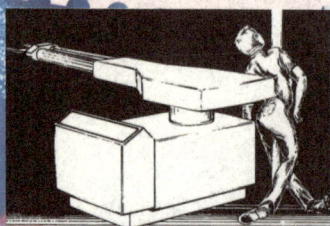

▲ 一位艺术家绘制的1984年工业机器人事故图

▲ 第二代机器人能感知和操纵环境，并表现出智能行为

简单的自适应能力

感觉能力使得第二代机器人能根据从外界获取的不同信息作出相应的反馈。如果传感器反馈的工作信息与编程路径有误差，控制系统就可以自行修正。

第三代机器人

20 世纪 90 年代后，科学家研发出了第三代机器人。它们除了具备第二代感觉型机器人的感觉和自适应能力，还多了一定的决策及规划能力，开始具有独立判断和行动的能力。

具备智能

第三代机器人具备了逻辑思维能力，能对周围的事物和环境形成自己的判断，并作出相应的决策，仿佛具备了人的智能，因此也被称为智能机器人。

独立思考

智能机器人的"智能"体现在与外部对象相适应、相协调的工作机能上。在这个基础上，智能机器人得以在工作环境中进行独立思考，完成决策和规划。

◀ Atlas 是一种双足人形机器人，图中它正将软管连接到管道

▲ Atlas 机器人爬入车辆的模拟图

世界上第一个仿人机器人

早期的机器人外观和人类并不相像。1973 年，日本早稻田大学教授加藤一郎带领日本的仿人机器人研究组织，研制出第一个仿人机器人，称为 WABOT-1。WABOT-1 不仅长得酷似人形，能用双腿行走，还拥有人工视觉和听觉，可以进行简单的日语对话。当然，它的行动还是很笨拙的，行走一步需要 45 秒，就和一个刚学会走路的婴儿差不多。WABOT-1 具备感知和交互能力，代表了机器人技术的重要进步。

动作精巧

　　除了聪明的"大脑"，智能机器人的结构也更加灵巧，它们的手和脚等肢体部位操作更精巧，能准确、轻松地完成控制器发出的指令动作。

▲ NAO 自主可编程人形机器人在机器人杯赛场上进行比赛

安全性好

　　智能机器人对环境的适应能力更强，能根据周围事物的变化迅速作出判断，因此能避免很多安全事故的发生，安全性能得到了很大提高。

13

高级智能
机器人

　　进入 21 世纪，伴随着现代高新技术的迅速发展，机器人的功能大大增强，其智能程度也不断提高。为了以示区分，人们把现代那些智能程度更高的机器人称为高级智能机器人。

自主思考

　　初级智能机器人已经具备了独立思考的能力，而高级智能机器人在此基础上，能对信息进行更加复杂的综合处理，自主思考能力更强。

　　▲ 智能机器人索菲亚除了能做出各种表情，还能和人类互动，记住人类的各种动作和表情。之所以这么厉害，是因为索菲亚的"大脑"采用了人工智能和先进的语音识别技术

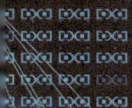

▼ 人工智能使得机器人朝着有自我意识和思维能力的方向发展，这就意味着机器人具有与人同等或类似的创造性、情感和自发行为。

自主学习

高级智能机器人能对工作中遇到的各种情况进行归纳总结，并从中学习，从而获得更优化的方案，不断适应不同环境下的不同挑战。

与人的智能不同

我们说，智能机器人的智能主要体现在感知、运动和思考三个方面。而这种"智能"和人的智能不同，最本质的区别在于：智能机器人所谓的"智能"，仍是人类赋予的。

与机器人有关的学科

机器人是整合了机械、计算机、信息科学等多种学科的高新科技，它的发展过程受到了许多相关学科的影响。

计算机技术：计算机技术的发展不仅促进了机器人"大脑"的发育，而且使机器人的行动能力大大提高。

通信技术：通信技术是关于信息传输和处理的技术，它的发展大大提高了机器人的信息处理和分析能力。

控制技术：控制技术的发展促进了机器人的控制程序发展，可编程控制器一诞生，就在工业机器人领域得到了广泛应用。

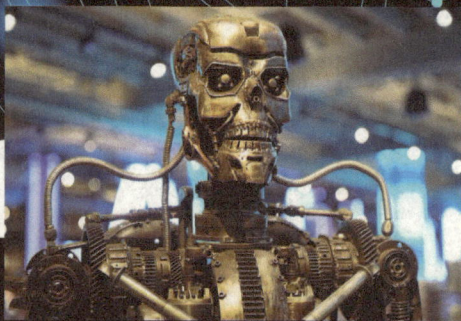

▲ 终结者 T800 是电影《终结者》中的人形机器人，具有超出常人的力量和视力，可以模仿人的声音，还能进行自我修复

自动更新

在现代网络环境下，高级智能机器人自己就能完成程序的自动更新，无需再由人工操作。科学家甚至设想，未来机器人可以自主编出新的程序，靠自身力量来提高智能。

自我修复

强大的综合信息处理能力和自主学习能力使得高级智能机器人能随时修复程序中的漏洞，因此能在使用过程中使自身程序不断得到优化，能力也不断提升。

机器人的性能

不同的机器人，设计要求不同，用途不同，性能也是不同的。机器人的性能好坏，主要体现在自由度、工作速度、工作范围和承载能力几个方面。

自由度

机器人的自由度表示机器人动作灵活的尺度。机器人的自由度越高，越接近人体的动作机能，它的通用性就越好。

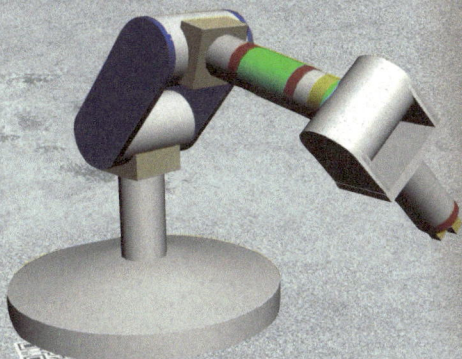

▲ 运动链中具有六个自由度的关节机器人

工作速度

机器人的工作速度决定了机器人的运动特性。在设计机器人时，如何安排完成每个动作的时间，确定动作的先后顺序，决定每个环节的加减速，是保证机器人动作精度的重要条件。

工作范围

  机器人的工作范围是指机器人肢体活动时所能达到的空间区域。机器人在执行任务时，可能会由于工作范围不足而无法完成工作任务。

承载能力

  机器人的承载能力指机器人在工作范围内的任何位置、姿势上所能承受的最大负载。承载能力不仅取决于负载的重量，而且还与它运行的速度有关。

其他重要参数

分辨率：机器人每个部件能够实现的最小移动距离或最小转动角度。

精度：机器人的肢体实际到达位置与所需到达的理想位置之间的差距。

重复定位精度：机器人在相同的运动位置连续多次运动之间产生的误差。

参数之间的关系

  机器人的性能受到各种参数的交互影响。自由度会影响到工作速度和工作范围，工作速度又对其承载能力有着重要的影响。一般来说，工作速度越低，机器人的承载能力越大。所以人们通常会从安全角度去考虑，在高速运行与承载能力间寻得一种平衡。

机器人的结构

　　机器人作为一种仿"人"机器，其结构也有一些和人体相似之处。虽然外形各有不同，但机器人的总体结构差不多，主要由控制系统、感知系统、驱动系统和执行系统四部分组成。

控制系统

　　机器人的控制系统相当于人的大脑和神经系统，是机器人的总指挥，由控制计算机及相应的控制器组成，用于向其执行系统发出动作指令。

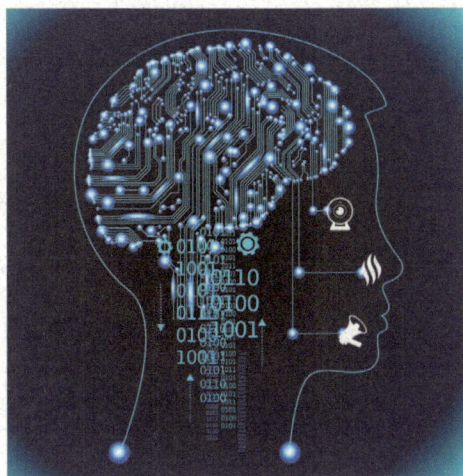

▲ 控制系统正在发出指令

感知系统

　　机器人的感知系统相当于人的眼、耳、口、鼻、皮肤等感觉器官，主要负责接收外界的信息，并把这些信息提供给机器人的"大脑"。

执行系统

　　机器人的执行系统也称机械系统，相当于人的四肢和身体，一般由手部、腕部、臂部、腰部和基座组成，是机器人完成动作的基础。

新型机械肌肉

　　到目前为止，制作机器人的材料仍然是无生命的金属和非金属。最近，国外科学家开发出了一种强度是人类肌肉1000倍的新型机械肌肉，其主要构成材料是生活中并不常见的二氧化钒。科学家称利用这种材料制成的新型机械肌肉可以在60毫秒的时间内提起相当于自身重量50倍的物体。

◀ 机器人感知系统概念图

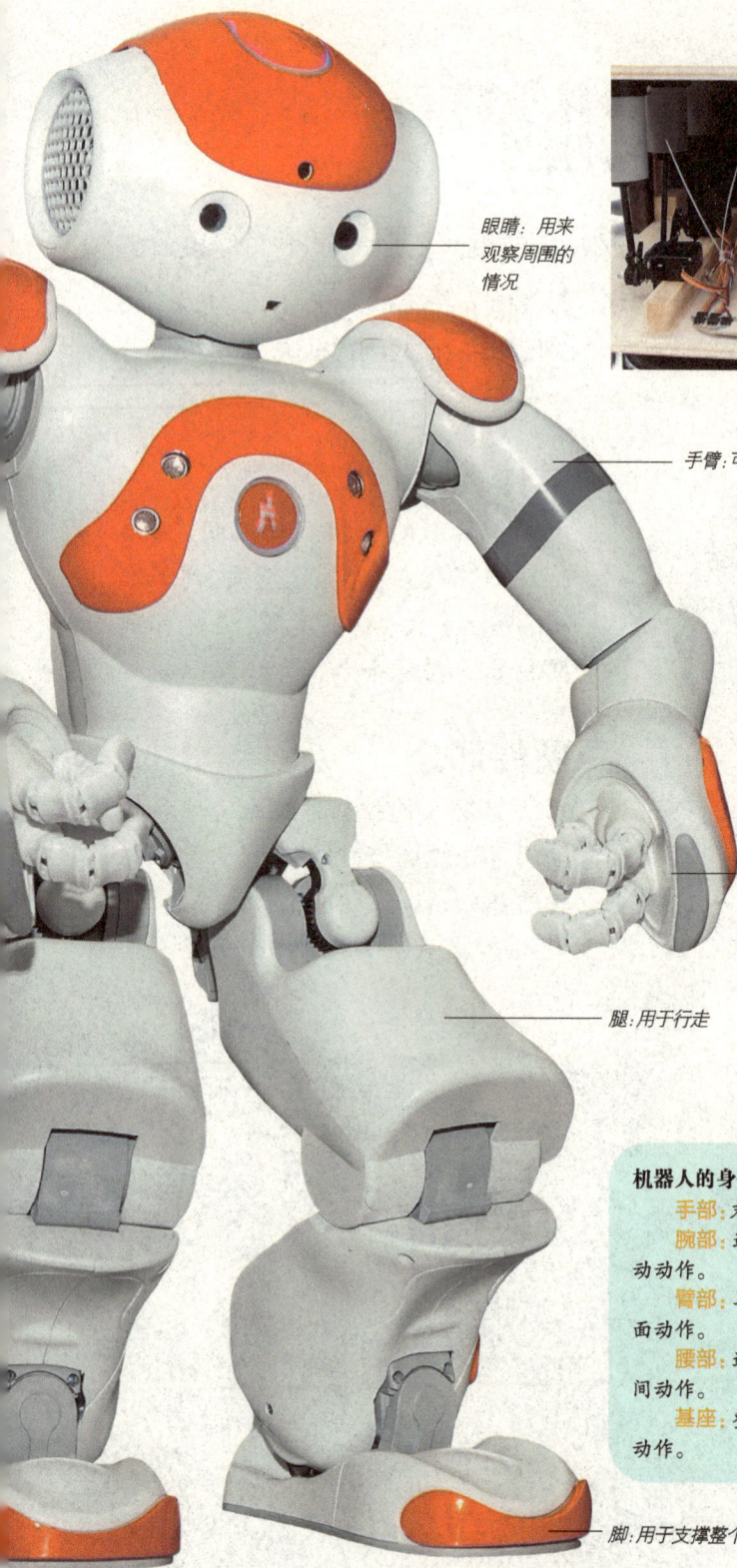

眼睛：用来
观察周围的
情况

▲ 机器人驱动系统

手臂:可以自由活动

驱动系统

　　机器人的驱动系统相
当于人的肌肉，是将能源
传送到执行系统的装置，
包括驱动器和传动机构，
主要用于保障机器人运行
的能量供应。

手:用于抓取各种物体

▲ 按照拟人化标准，机器人本
体的有关部位可分为手部、腕部、
臂部、腰部、基座等

腿:用于行走

机器人的身体构造
　　手部:末端执行部位,完成精细动作。
　　腕部:连接手部和臂部,带动手部完成转
动动作。
　　臂部:与腰身上部连接,带动腕部完成平
面动作。
　　腰部:连接臂部和基座,带动臂部完成空
间动作。
　　基座:整个机器人的支撑部件,完成移动
动作。

脚:用于支撑整个身体

聪明的"大脑"

　　机器人的一个重要评判标准就是它是否具有"智能"。机器人的智能程度是通过其"大脑"，也就是控制系统来实现的。与人类的大脑一样，控制系统也是机器人的重要组成部分。

具体要求

　　机器人的"大脑"要聪明，需要达到以下几点：计算速度快，判断准确，存储量大，精确度高，还能和别的机器人协同合作。

硬件部分

　　机器人的控制系统由硬件和软件两部分组成。硬件就相当于大脑的物质基础，包括中央处理器、存储器、输入/输出设备和各种外部设备等。

▶ 机器人程序

软件部分

软件就是人们为机器人设计编写的程序和相应的文档，有点儿类似于机器人的"思想"。软件由操作系统、实用程序、编译程序等组成。

控制器

控制器是机器人控制系统的核心部件，它的主要作用就是控制驱动执行系统，完成相关操作。控制器的性能直接影响着机器人的智能。

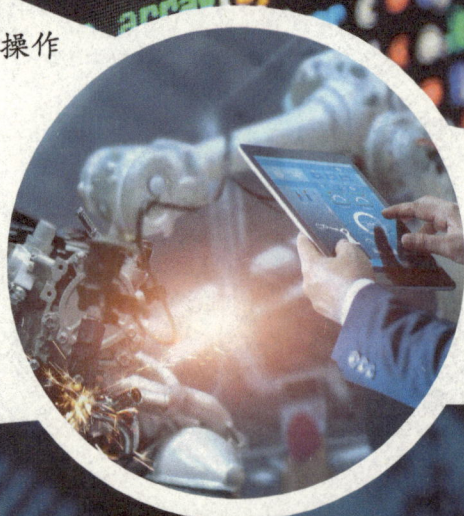

▲ 机器人控制器

机器人控制器类型

单片机：全称为单片微型计算机，是一种超大规模集成芯片，将中央处理器、存储器、输入/输出设备等集成在一个小型微机系统中，具有体积小、重量轻、成本低和易开发的优点。

DSP：专门的数字信号处理芯片，具有体积小、成本低、可靠性高、性能好、方便实现多机分布并行处理等优点。

PLC：全称为可编程控制器，是一种专门应用于工业环境的控制设备，采用可以编制程序的存储器执行逻辑运算、顺序控制等多种指令，通过数字量和模拟量的输入/输出来控制各种机械设备，在工业领域应用很广。

"感觉"各不同

人们从外界获取信息，是通过眼、耳、口、鼻和皮肤等感觉器官来实现的。机器人要从外界获取信息，则是通过传感器来实现的。可以说，正是传感器的诞生，让机器人拥有了"感觉"。

▶ 红外线传感器摄像头

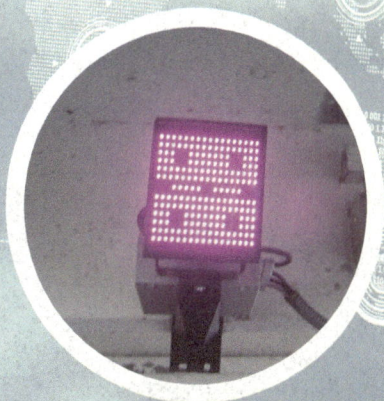

什么是传感器

传感器,顾名思义,就是一种信息转换装置。它能将检测到的信息转换成一定形式的电信号,从而让计算机对信息进行处理、存储、显示等操作。

内部和外部传感器

机器人的感知系统就是由传感器组成的,主要有内部传感器和外部传感器两种。内部传感器用于检测机器人自身的信息,外部传感器则用于检测机器人所处的外部环境的信息。

不同功能的传感器

按照获取信息的不同,传感器的功能也不同。对应五种基本感觉,传感器也可分为视觉传感器、听觉传感器、嗅觉传感器、味觉传感器和触觉传感器。

不同的传感器

视觉传感器: 用于获取外界的图像信息,常见的有摄像机、激光扫描器、色彩传感器、红外夜视仪、袖珍雷达等。

听觉传感器: 用于获取外界的声音信息,一般由一些高灵敏度的电声变换器组成,比如各种麦克风和超声波传感器。

嗅觉传感器: 用于获取外界的气味信息,也被称为"电子鼻",对环境保护和安全监督起着极重要的作用。

味觉传感器: 常用于食品科学技术领域,可用来分析食品化学成分,有些也兼具嗅觉传感器的功能。

触觉传感器: 装有各类压敏、热敏或光敏元器件,用于感知和测量不同的刺激。

衡量传感器性能的指标

衡量传感器性能的指标主要有两种,一种是传感器接收信息和输出信息之间的误差,另一种是在外界信息发生变化时传感器的反应时间。

能量从哪儿来

　　一切活动都需要能量。人通过吃东西来获取能量，那么，机器人的能量从哪儿来呢？我们熟知的机器人大多是用电的，但随着科学技术的发展，机器人也有了更多新的能量来源。

机械能

　　原始的机器人很多是利用机械能作为动力来源的，比如那些年代久远的机器人，大多需要通过人工拧紧发条，或者利用弹簧等释放机械能，供机器人使用。

▲ 机器人充电中

电能

　　电能是最常见的机器人的动力来源。在许多科幻电影中，我们都能看到机器人充电的情景。现在常见的家用机器人也通常用充电电池，或直接插电使用。

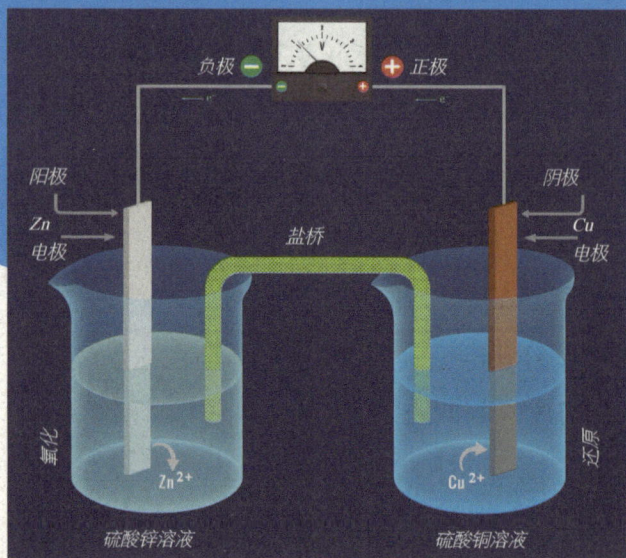

负极 ⊖   V   ⊕ 正极

阳极   阴极

Zn   盐桥   Cu
电极   电极

氧化   还原

Zn²⁺   Cu²⁺

硫酸锌溶液   硫酸铜溶液

▲ 化学能转化为电能示意图

化学能

近代机器人最常用的能源除了电能，还有化学能，比如有些机器人会通过燃烧化学燃料的方式，将化学能转化为电能。

新能源

现代机器人可以选择更加清洁的新能源作为动力来源，比如风能、太阳能等。利用这些新能源不会产生太多废弃物，对环境的危害小，但使用起来有一些限制。

▲ 使用太阳能电池板的冰川机器人

机器人的手和脚

　　机器人要模仿人的动作，仅靠"大脑"发号施令是不行的，还需要能执行指令的系统。这一部分的功能主要是靠机器人的手和脚来实现的。

抓取装置

　　这里说的机器人的手，实际上指的是包括手掌、手指、手腕、手臂和关节在内的一整套抓取装置，一般由杆件结构构成，能灵活自如地伸缩摆动。

▲ 机械臂的末端灵活自如

感觉功能

　　除能执行活动任务外，机器人的手一般还要承担触觉功能，因此机器人的手掌和手指上通常都装有触觉传感器，可以感觉出物体的形状、大小、温度和重量等信息。

机器人的手

机器人的手要求自由度高、运动传动精度好、可控性好，还要求结构简单、维护方便。因此在一般情况下，我们看到的机器人的手指除拇指外，其余手指结构几乎一致，这就为手指的设计、制造、组装、维护提供了方便。

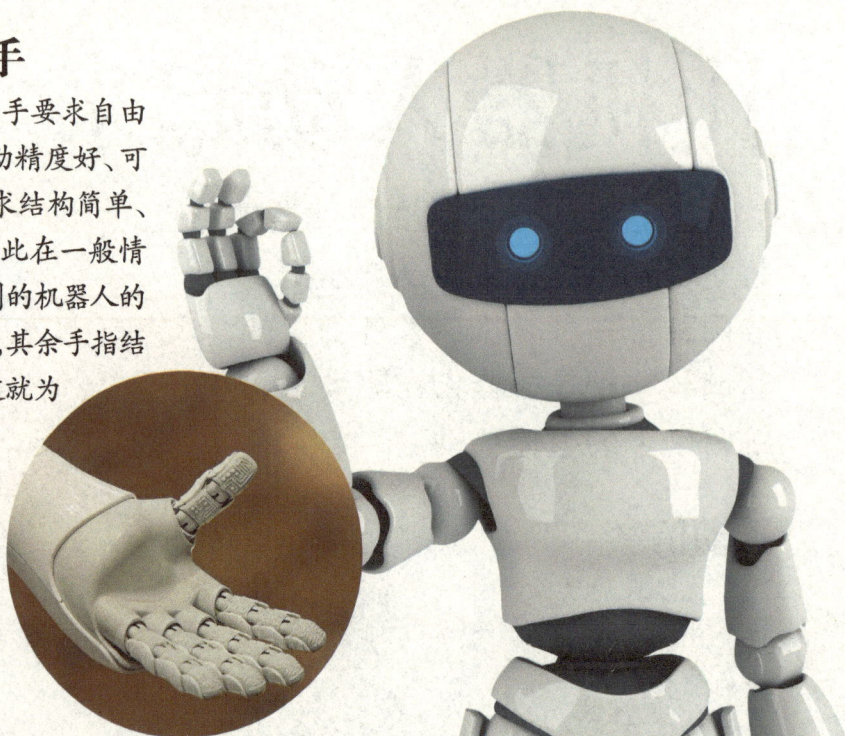

▶ 机器人的手

机器人的脚

相比手来说，机器人的脚没有那么灵活，它的主要功能就是移动。不同环境中工作的机器人，它们的移动方式并不相同，最常见的有轮式移动、履带移动、足式移动、蛇形移动、翼式移动、混合移动等。因为移动方式不同，机器人的脚也有各种形状。

▲ 消费电子展上展出的拥有四条腿和一只胳膊的大型移动机器人

让机器人动起来

我们说过,机器人的一个重要特点就是能动起来。机器人的运动主要分两种,一种是机器人各部位的运动,一种是机器人在驱动系统驱动下的整体移动。

运动信息

机器人的整体移动或机器人手脚的局部动作,都需要使用记录了这些运动位置和方向等的信息来进行设计。

建立坐标系

为了统一规划和控制这些运动信息,人们通常会采用建立坐标系的方式,把不同的运动放在一个坐标系里来表达和描述。

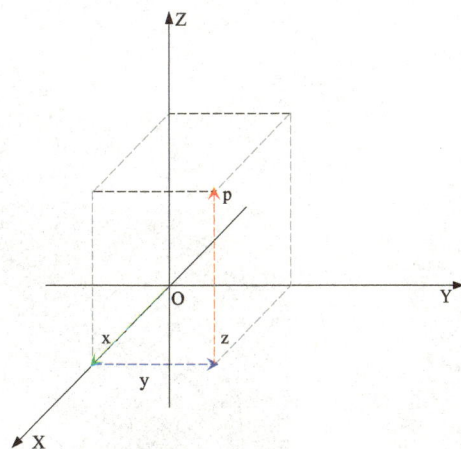

▲ 定义点的最常见和最方便的方法是为其指定笛卡尔坐标,即"末端执行器"在 X、Y 和 Z 方向上相对于机器人原点的位置(以毫米为单位)

平动和转动

无论多么复杂的运动行为，都可以分解为平动和转动两种。平动就是仅仅发生了距离的改变而方位没有变化；转动则是方位发生了变化。

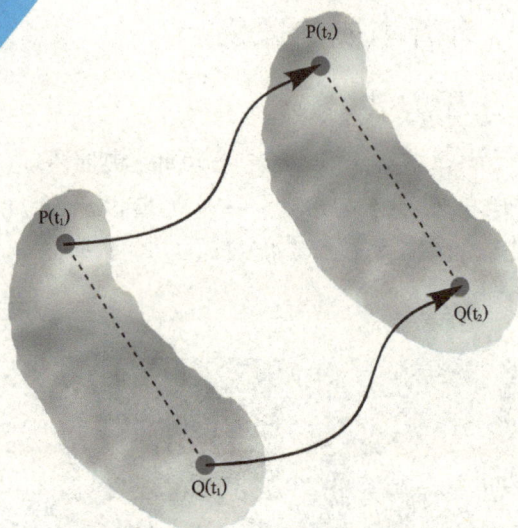

▲ 平动示意图

按照移动方式给机器人分类

半移动式机器人：将机器人整体固定在某个位置，机器人只有一部分可以运动，例如机械手。

移动式机器人：一种具有高度自主规划、自行组织和自适应能力的可以移动的机器人。它能够代替人在危险、恶劣的环境下作业，还能在宇宙空间、水下等人类难以生存的环境中作业，比一般机器人的机动性和灵活性更强。

和机器人对话

　　语言是人们用来沟通、交流的重要工具。那么，机器人也有属于自己的语言吗？它能不能和人类交流呢？答案是肯定的。但是，机器人的语言和人类的语言有着本质的区别。

交互方式

　　语言是用来交流互动的，机器人也不例外。机器人一般有两种交互方式：一是机器人之间、机器人与外界环境之间的交互；二是机器人与人类之间的交互，也就是人机交互。

◀ 机器人与人类之间的交互

人机交互的发展阶段

　　手工作业阶段：采用手工方式操作计算机。

　　作业控制语言及交互命令语言阶段：程序员采用批处理作业语言或交互命令语言的方式来操作计算机，需要记住许多常规命令。

　　图形用户界面阶段：用户通过展示在桌面的图形图标来操作计算机，大大减少了用键盘输入指令的次数，普通人也可以熟练操作。

　　网络用户界面阶段：用户通过网络浏览器来实现和计算机的交互，比如搜索引擎、聊天工具等。

　　智能人机交互阶段：计算机系统拟人化，用户可以用文本或语音形式与计算机直接对话。

计算机语言

和人类的语言不同，机器人的语言是一种计算机语言。通俗地说，机器人的语言就是通过编写计算机程序让机器人能够接受并执行指令。

▲ 计算机语言

聊天机器人

2023年，一种基于新技术而设计的聊天机器人横空出世，这种机器人会作诗、写故事、作曲等，相信不久的将来，这项技术会有革命性的突破。

◀ KIROBO 是日本第一个机器人航天员，该机器人的功能包括语音识别、自然语言处理、语音合成，以及面部识别和视频录制等

▲ 智能语音系统

语音对话

直接用语音和人们对话，这是机器人发展的方向。现在已经有很多智能机器人可以开口说话了，比如手机的智能语音系统，还有银行、物流公司等行业使用的智能客服。

机器人来合作

　　人们做一项工作，往往需要多人合作才能完成。机器人也可以组成两个或两个以上的多机器人系统，通过一定的通信方式、组织结构和协同机制组成团体，来完成无法单独完成的任务。

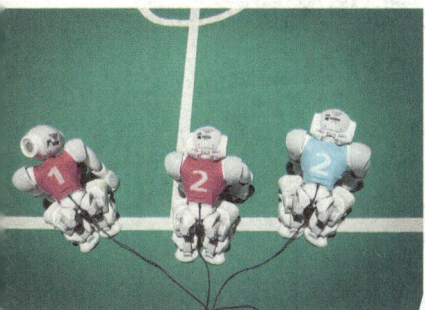

▲ 足球比赛中的 NAO 机器人

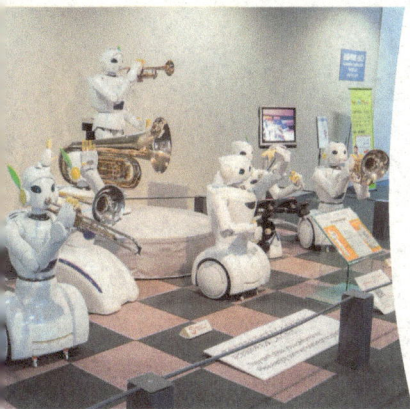

▲ 机器人乐队合作进行演奏

◀ FLL 机器人世锦赛

合作优势

　　与单个机器人相比，多机器人系统具有以下优势：完成任务成本更低，效率更高，系统对环境的适应性更好。

协同感知

　　多机器人合作的关键基础是协同感知，也就是信息的共享。系统中某一个机器人感知到的信息要及时分享给其他成员，这就是协同感知。

任务分配

　　多机器人系统在执行任务时，要按照各成员的不同功能特点来分配任务，以得到最优化的团队分配，从而提高工作效率。

队形控制

　　多机器人系统要求机器人在整体移动时保持特定的队形，这对信息采集、协同作业有很高的要求。在保持队形的过程中，还要考虑遇到障碍物或客观地理环境发生变化时的队形变化。

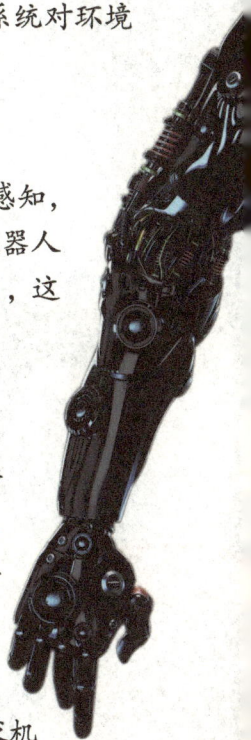

▼ 在人形机器人足球赛中，参赛的机器人必须具有人的形象，多智能体协作，还必须像真正的足球运动员那样在球场上奔跑

多机器人系统的体系结构

多机器人系统的体系结构可分为集中式、分布式和混合式三种。

集中式体系结构：有主机器人和从机器人。主机器人相当于团队领导，是整个系统的主控单元，负责处理全部信息，完成对成员的调度和分配。从机器人则接收主机器人的指令，协同其他成员完成任务，并在工作过程中及时向主机器人报告信息。

分布式体系结构：系统中每个机器人的地位是平等的，可以互相通信、交换信息，并根据这些信息分配任务，可以自主规划自己的行为。

混合式体系结构：可以看成是集中式和分布式体系结构的结合。系统中每个机器人既可以作为独立个体执行任务，又可以作为任务发起人召集成员协同完成某项任务。

机器人的寿命

机器人会不会死亡呢？其实，机器人也是有寿命的，但机器人并不是真正的人，因此我们这里说的机器人的"寿命"，通常指的是它们的使用寿命，其会受到机器人零部件、动力装置和控制系统的制约。

机器人会感觉到疼痛吗？

人能感觉到疼痛，是因为人有神经系统。现在，科学家正在研发一种人工神经系统，希望能让机器人"感觉"到疼痛，并迅速对可能损害它们的行为作出反应，从而保护自己不受伤害。当然，这种疼痛和真正的疼痛是不同的，它不是一种本能反应，而是根据程序设定，对触觉传感器传递来的信息进行处理和分析后作出的判断。不过，这种疼痛也和人的疼痛一样，会为机器人提出预警，从而增加机器人的使用寿命。

零配件损耗

机器人本质上是一种机械装置，零配件的损耗会直接影响它的使用寿命。因此要规范使用机器人，尤其要注意一些细微的损坏，越精细的零配件，损坏造成的影响越大。

▼ 机器人硬件维护

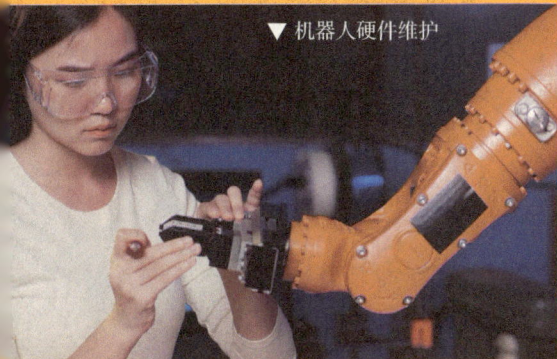

能量供给

充足的能量供给是机器人正常使用的前提，因此在平时的使用中要注意保持能量供给装置的完好性。比如用电的机器人要及时充电，定期维护，避免电路或电池老化。

▼ 电池就像机器人的心脏，心脏不动了，机器人自然就失去了生命

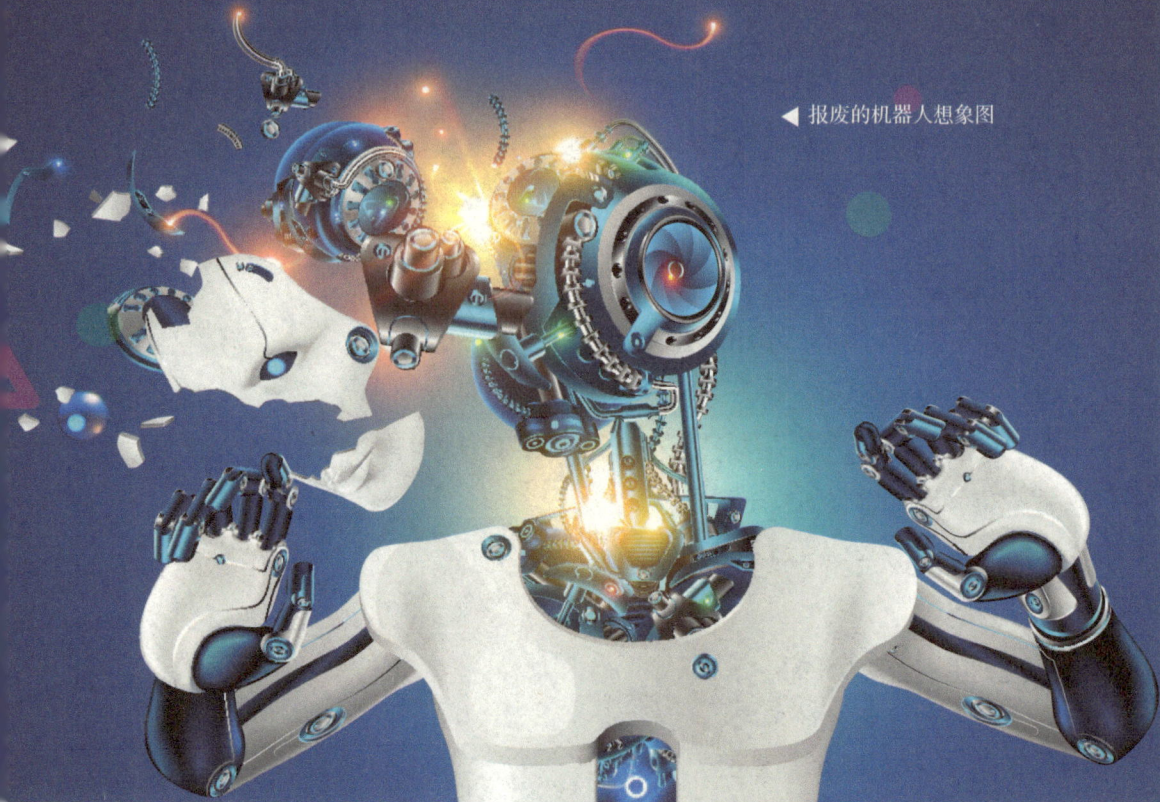
◀ 报废的机器人想象图

程序维护

机器人的核心系统是它的控制程序，如果不好好更新和维护程序，就可能产生很多垃圾文件，导致程序反应越来越慢，最终影响机器人的使用寿命，产生程序漏洞或死机现象。

▼ 机器人程序维护

更新换代

机器人是为人们服务的，它的更新换代也是十分重要的。有时候，机器人本身的软硬件并没有出问题，但由于其功能设计或外观形象跟不上时代发展了，也会遭到淘汰。

▼ "工业4.0"智能工厂

机器人的分类

机器人的种类多样，关于它们的分类没有统一标准。目前对机器人的分类方式有很多种，比如可以按照智能程度、控制方式、应用领域和坐标系等划分方式来进行分类。

按智能程度分类

按照智能程度的不同，机器人可分为示教再现型机器人、感觉型机器人、低等智能机器人和高等智能机器人四类。

▼ 伺服控制的机器人精度高，更智能

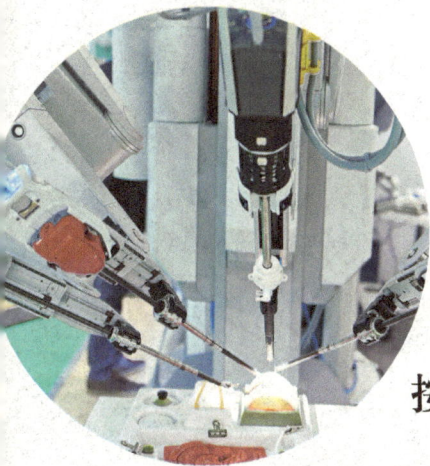

按控制方式分类

按照控制方式的不同，机器人可分为非伺服控制机器人和伺服控制机器人两类。非伺服控制机器人按照预先编好的程序工作；伺服控制机器人具有更复杂的控制器，工作能力更强。

按应用领域分类

按照应用领域的不同,机器人可分为工业机器人、农业机器人、军事机器人、服务机器人等,现在人们通常把除工业机器人之外的其他机器人统称为特种机器人。

▲ 特种机器人

按坐标系分类

按照运动时建立的坐标系的不同,机器人可分为直角坐标型机器人、圆柱坐标型机器人、极坐标型机器人和关节坐标型机器人等。

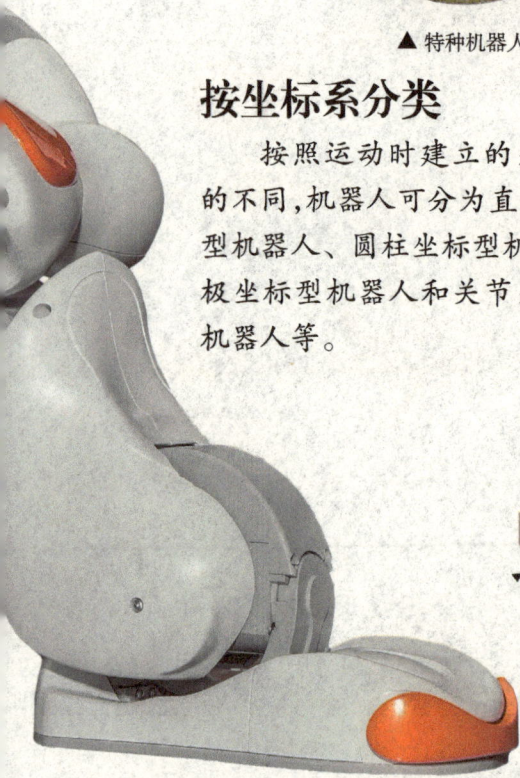

直角坐标型机器人

优点:精度高,控制简单,避障性好。

缺点:结构庞大,动作范围小,灵活性差,协调性差。

代表:IBM 公司的 RS-1 机器人。

圆柱坐标型机器人

优点:控制简单,避障性好。

缺点:结构庞杂,设计复杂,协调性差。

代表:AMF 公司的 Versatran 机器人。

极坐标型机器人

优点:占地面积小,结构紧凑,协调性好,重量轻。

缺点:避障性差,平衡性差。

代表:尤尼梅特机器人。

关节坐标型机器人

优点:结构紧凑,灵活性大,工作空间大,协调性好。

缺点:位置精度低,平衡性差,设计复杂。

代表:KUKA 公司的 IR 型机器人。

▲ NAO 人形自主编程机器人

▶ 常见坐标型机器人示意图

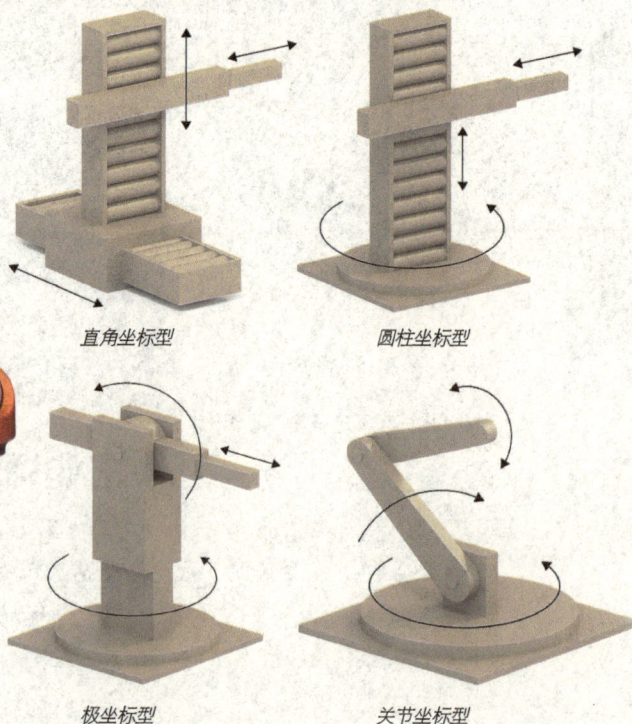

直角坐标型

圆柱坐标型

极坐标型

关节坐标型

机器人的应用

人们为什么要制造机器人呢？最初的目的是帮助人们来完成各种任务。发展到现在，机器人已经在人类社会的各个领域得到广泛应用。

▼ 工业机器人正在加工汽车

机器人带来的好处

社会效益
1.改善工人的劳动环境；
2.完成人类无法完成的危险工作；
3.可以完成大量高强度重复劳动。

经济效益
1.提高生产效率；
2.提高产品质量；
3.减少工作场地；
4.降低劳动成本；
5.节省劳动力；
6.简化管理；
7.缩短生产周期；
8.降低生活成本。

工业领域

机器人最早应用在工业制造领域。目前，工业机器人已经广泛应用于汽车制造业、机械加工行业、电子电器行业、橡胶及塑料工业、食品工业、木材和家具制造业等领域中。

服务领域

服务机器人是机器人家族的年轻成员,它们并没有专门的定义,只是一类服务于家庭或专业领域的机器人的统称。

个人生活领域

机器人渐渐进入我们每个人的生活,和人工智能、物联网等技术形式相结合,出现了家务机器人、陪伴型机器人、娱乐机器人等。

▲ 公共服务机器人

◀ Pepper 半人形机器人
具有读取情绪的能力

▲ 智能剪草机

其他领域

近年来,随着科学技术的发展和智能化技术研究的深入,机器人开始进入军事、医疗、农业、教育、生活等领域。

工业机器人

　　工业机器人是机器人中数量最庞大的一个群体，也是最早被批量生产出来的机器人。自诞生以来，工业机器人的普及率基本呈现出稳定的逐年上升趋势。

工作环境

　　工业机器人是为了代替人工进行危险或高强度的操作而被制造出来的。它们能够协助、代替人类完成各种重复、单调、长时间的工作，并且能在极端危险、恶劣的环境下完成作业。

▲ 工业机器人正在进行焊接工作

优势明显

　　相比于传统的工业设备，工业机器人有众多的优势，如具有易用性、智能化水平高、生产效率高、安全性能好、易于管理且经济效益显著等特点。

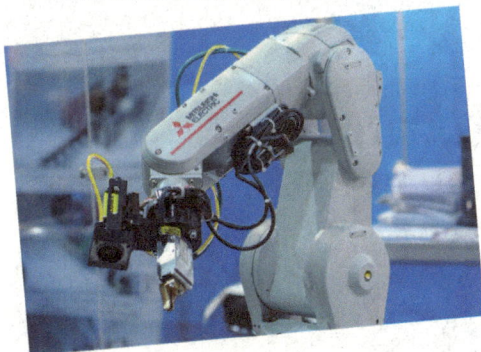
▲ 日本拥有世界上 40% 的工业机器人

各国状况

　　工业机器人是在美国诞生的，截至目前，美国的工业机器人技术仍然处于世界领先地位，而日本的工业机器人则在数量和种类上居世界首位。

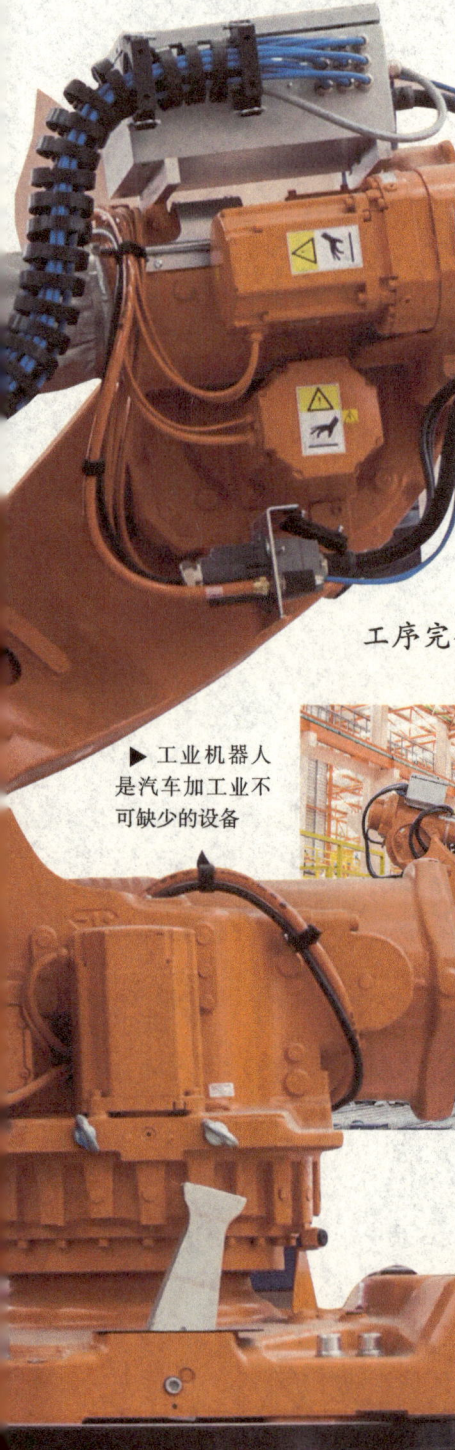

智能搬运机器人

智能搬运机器人是一种能自动将物品运输到指定地点的智能小车。作为一种基础搬运工具，智能搬运机器人的应用深入到机械加工、家电生产、微电子制造等多个行业，未来还有望走出工业领域，应用于军事、餐饮服务等领域。

▲ 智能搬运机器人正在运输

队伍庞大

近年来，工业机器人数量不断增多，国外已出现不少"无人工厂"和"无人车间"，生产工序完全实现自动化，各环节都由机器人操控。

▶ 工业机器人是汽车加工业不可缺少的设备

工业机器人的主要工作

1. 搬运输送物品。在保持物品形状和性质不变的基础上，进行高效的分类搬运。

2. 焊接。在焊接难度、焊接数量、焊接质量等方面有着人工焊接无法比拟的优势。

3. 装配零件。具有安装精度高、灵活性大、耐用程度高等优点。

4. 安全检测。可对高危领域如核污染区域、有毒区域、高危未知区域进行探测。

机械臂

工业机器人的核心结构是它的手臂,事实上,很多早期的工业机器人就只有一条手臂,称为"机械臂"。从外形来看,机械臂似乎不能称为机器人,但它其实也具有机器人的特点。

▶ 航天员斯蒂芬·罗宾逊被固定在机械臂上来完成太空任务

机械臂的设计要求:
承载力好,自重轻;
运动速度适当,惯性小;
动作灵活;
位置精度高;
通用性强,能适应多种任务;
工艺性好,便于维修调整。

机械臂在航天领域的应用

在太空中,航天飞机远程操纵器系统也称为加拿大臂或SRMS,该系统是多自由度机械臂,被用于执行各种任务,例如,使用带有摄像机和传感器的吊杆来对航天飞机进行检查。

2016年9月8日,美国国家航空航天局发射OSIRIS-Rex探测器,执行从小行星上采集样本的任务。在抵达目的地上空时,探测器成功使用它的触控采集装置(TAGSAM)完成了采集任务。该装置是一种机械臂,可以从小行星表面采集样本信息。

▶ 关节型机械臂

结构组成

机械臂一般是由连杆机构、控制系统和周边设备组合构成的，连杆机构上有驱动手臂运动的部件和保证手臂正确运动方向的导向装置。

基本功能

机械臂一般有三种运动模式：伸缩、旋转和升降。它最基本的功能就是移动到所需的位置去抓取物品。

◀ 1973 年，德国库卡机器人集团研发出第一台采用机电驱动的 6 轴机械臂，从此机械臂也从单点加工发展到多点同时加工、搬运

最大优势

机械臂与人类手臂最大的区别在于灵活度与耐力度。机械臂可以重复做同一个动作，在机械正常的情况下会一直持续下去。

▼ 不断重复焊接动作的机械臂

应用前景

机械臂虽然结构简单，但操作灵活。现在的机械臂已经逐渐发展成具有智能意识的复杂系统，并从工业领域走向航天、服务等多个领域。

▼ 机械臂正在安装詹姆斯·韦伯太空望远镜的主镜段

43

服务机器人

随着科学技术的进步和机器人制造成本的降低，机器人逐渐走进大众的生活，服务机器人诞生了。不同于工业机器人，服务机器人不从事生产任务，主要的功能是给人类带来更优质的服务。

应用范围

服务机器人的应用范围很广，涉及娱乐、维护、保养、修理、运输、清洗、安保、救援、监护、教育、研究等各个行业。

▲ 瓦力是电影《机器人总动员》里的清扫机器人。它又脏又旧，任劳任怨，作为地球上最后一个机器人独自清理地球上的垃圾

▲ 超市服务机器人

大楼清洗机器人

长期以来，城市高楼的外墙和玻璃清洗都是繁重的工作。大楼清洗机器人的出现改善了人工效率低、不安全的情况。这个机器人由本体和地面支援小车两部分组成。本体可以沿着墙壁爬行，并完成擦洗工作；地面支援小车则负责为机器人提供能源和回收污水等工作。

两大类别

服务机器人可分为专业服务机器人和家庭服务机器人两大类别。专业服务机器人有医用机器人、教育机器人、公共服务机器人等；家庭服务机器人有娱乐机器人、家庭清洁机器人等。

▲ 玻璃清洁机器人

44

独具特点

服务机器人的工作内容和人们的日常生活息息相关。与工业机器人相比，它们的外形亲和度更高，人机交互方式也更加便捷。

▶ 机器人厨师

未来前景

近年来，随着世界上多个国家老龄化现象越来越明显，社会上有更多老人需要照顾，因此助老服务机器人越来越受到重视。可以说，家庭服务机器人总有一天会走进千家万户。

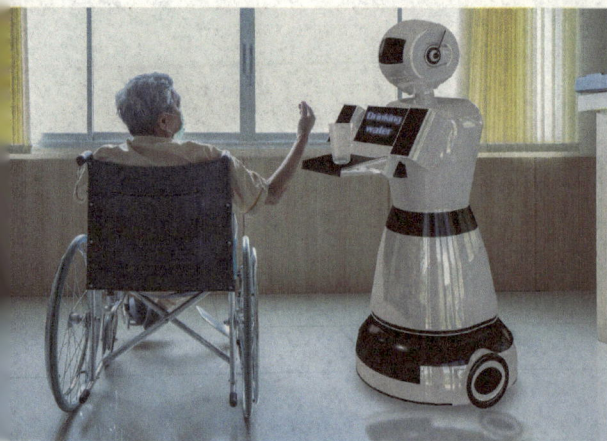

▲ 老年护理机器人

45

机器人管家

机器人走进家庭，为人们提供各种服务，已经成为家里的大管家啦！看看，它们几乎无所不能，可以为我们做家务、保卫安全、提供陪护、管理电器……服务真可谓十分贴心呢。

智能小管家

现在很多电器都可以由一个智能小管家来管理。比如，天猫精灵、小爱机器人等，可以对家里的电器进行管理维护，根据设定来操作空调、洗衣机、电饭煲等电器。

▶ 智能小管家

小厨师爱可

爱可是在上海世博会的企业联合馆展出的一款厨师机器人，它头戴厨师帽，约2米高，有着拟人化的眼睛和嘴巴，外形酷似一个冰箱。拉开爱可的拉门，里面有特制的烹调设备。爱可可以独立烹调24道中华料理，只要按照程序点单，小厨师爱可就会认真地准备料理，几分钟后，一道美味佳肴就展示出来了。

保安机器人

　　家庭保安机器人能 24 小时自动监控家庭环境,遇到异常就会立刻发出警报。有它在,就算一个人在家,我们也不用担心。

▶ 智能摄像头

陪护机器人

　　家庭陪护机器人能陪护不同的对象,如针对老年人的助老机器人,针对残障人士的助残机器人,针对孩子的成长机器人等。

◀阿西莫机器人模仿人类的动作更精准,被设计用来帮助行动不便的人

家务机器人

　　家务机器人中应用最多、最常见的就是扫地机器人了。它不仅能自动完成清扫、拖地、吸尘工作,还能自行充电。

▲ 扫地机器人

宠物机器人

宠物机器人是陪护型机器人的一种，它们具有宠物猫、狗等小动物的温柔陪伴优点，却不像真正的宠物那样需要照顾，也不用考虑生病或对环境不适应等问题，因此很受孩子们的欢迎。

AIBO 机器狗

AIBO 是日本索尼公司于 1999 年首次推出的电子机器宠物，目前已经发行了五代。AIBO 就像真的小狗一样，会做出各种有趣的动作，还可以听从主人的命令打滚、坐下。

▶ 机器狗也会自己学习，你要是和它相处久了，它会记得你的声音、你的动作、你的容貌，知道你是谁。特别是，如果主人精于计算机编程，还可以为它设计一些新的动作，如挠痒解闷、摇尾乞怜、打滚撒娇等

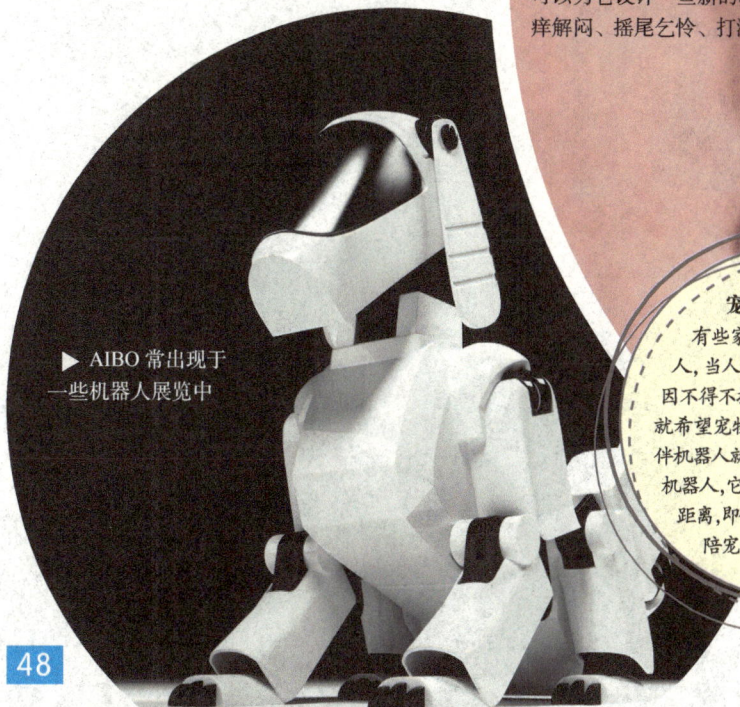

▶ AIBO 常出现于一些机器人展览中

宠物陪伴机器人

有些家庭会将宠物当成家人，当人们因为工作、学业等原因不得不把宠物独自留在家中时，就希望宠物也能获得陪伴。宠物陪伴机器人就是为陪伴宠物而设计的机器人，它拥有远、中、近三段发球距离，即便主人不在家，它也能陪宠物玩投球游戏。

Nicobo 陪伴机器人

Nicobo 是日本开发的陪伴机器人。它的外形就像小猫脑袋，内部有用于人脸识别的摄像头和用于识别声音的麦克风。Nicobo 的主要功能就是为独居者提供陪伴。

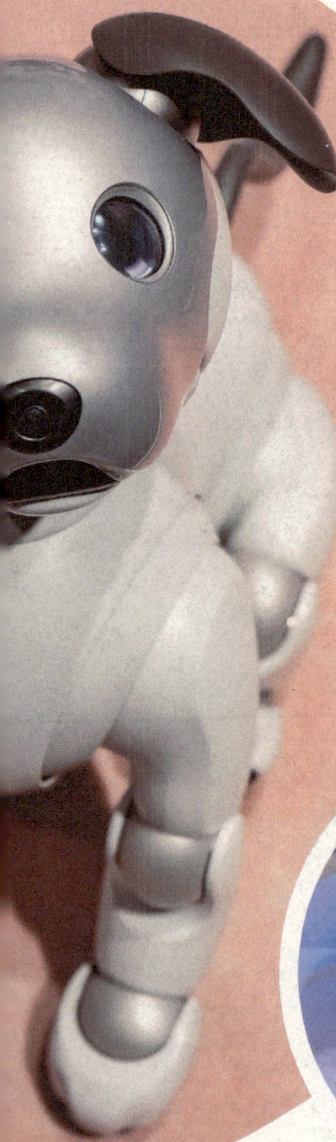

Cozmo 玩具机器人

Cozmo 个头不大，身高只有 6 厘米左右，外形有点像迷你版的推土机。但它具有人类一样的性格，是一个能和人类进行交流的智能玩具机器人。

▲ Cozmo 玩具机器人

Vector 玩具机器人

Vector 的外形和 Cozmo 完全一样，只是外壳主色从白色变成了灰色，但它比 Cozmo 更加智能，而且还具有一定的"性格"特征。

心疗型海豹机器人帕罗（Paro）

帕罗是日本研制出的一款心疗型机器人。它的外形是我们不常见到的小海豹，它拥有高级智能系统，是目前世界上最先进的机器人之一。帕罗不同于工业机器人，研制它的目的是希望创造出一种"机器人疗法"来缓解人们的心理压力，给人精神上以抚慰。

◀ Paro 机器人身长 55 厘米，体重 2.5 千克，一眼看去有点像毛绒玩偶。它的身体上配备了五个功能不同的传感器，用来对声、光、触觉、姿势及温度进行感应

社交机器人

人是一种社会性的生物，需要进行一定的社交。社交机器人就是为了满足人的社交需求而设计出来的服务型机器人，它们能遵循符合自己身份的社交行为和规范，与人们进行互动与沟通。

▲ 机器人索菲亚能和人们进行各种互动

自主能力

自主能力是社交机器人需要具备的必要条件。完全被遥控的机器人是不可能具有社交功能的，因为它不能自己作决定，所有行为的发出者还是背后操控它的人。

社交机器人的交互

社交机器人不仅需要和人交互，也会和自己的同类——机器人交互。值得注意的是，在这个过程中，社交机器人也应该严格遵守行为规范。不过，机器人如果只能和机器人交互，而不能和人交互，那么它就不能被称为社交机器人。

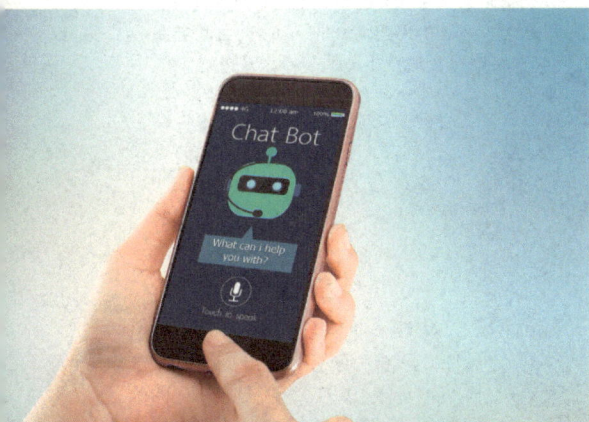
▲ 词库的丰富程度、回复的速度，是一个聊天机器人能否得到大众喜欢的重要因素

聊天机器人

现代社会能与人们通过自然语言互动聊天的机器人越来越多了。随着社交媒体的普及，聊天机器人更加人格化，越来越多地参与到虚拟的社交网络中去。

行为规范

　　社交机器人必须遵守一定的行为规范。人们会为社交机器人赋予一定的身份特征，社交机器人必须了解这个身份的行为规范并严格遵守。

地域特征

　　人类社会的行为规范归根到底是人们自己制定的，因此不同国家、地区的社交机器人往往也会受到当地文化的影响，表现出不同的地域特征。

▲ 机器人索菲亚是一名"女性"，拥有沙特阿拉伯公民身份

◀ 史宾机器人是一款非常复杂的人形机器人，它的外表看上去不仅像一名骑警，还像一只全副武装的大猩猩，它会跑步、跳舞、踢球、交谈，还会发脾气

社交机器人的社会功能

　　1. 社交机器人是机器人在计算机互联网领域应用的延伸，主要用于承接社交媒体中原来由人完成的信息传播工作。

　　2. 社交机器人扮演的是像真实用户一样的具有独立性的社交媒体"用户"。它们是虚拟身份，但与社交媒体中其他用户建立起的社交关系是真实有效的。

　　3. 社交机器人是人机社交网络中的技术"行动者"。社交机器人既能够作为交流对象，又可以作为参与者被置入社交媒体中，这会对社交媒体中的信息传播环境、商业市场环境、政治舆论环境产生深刻影响。

娱乐机器人

　　现代社会人们的精神追求日益丰富，娱乐机器人应运而生。娱乐机器人是用于娱乐，为人们生活增添乐趣的服务型机器人。它的普及与广泛应用也是未来机器人行业发展的必然趋势。

功能及外表

　　娱乐机器人的主要功能是供人欣赏，让人娱乐。它们通常具有充满亲和力的外表，还有一定的语言能力，有的甚至会唱歌、跳舞。

▶人工智能技术让娱乐机器人可以通过语音、声光、动作等与人交流

结构简单

　　娱乐机器人通常体积较小，不需要复杂的运动控制系统，处理器也只需要选用中低端手机或者平板电脑的芯片即可，产品结构相对简单。

◀QRIO 是一款集科技与娱乐于一身的梦幻机器人。它不仅可以跳舞、唱歌、踢足球，还能即时调整姿势来适应各种环境。QRIO 的口号是："让生活有趣，让你快乐！"

声光技术

　　娱乐机器人往往具有较先进的声光技术，能通过多层LED灯光和声效系统呈现出绚丽的声光效果，还能通过语言、声光等和人进行交互。

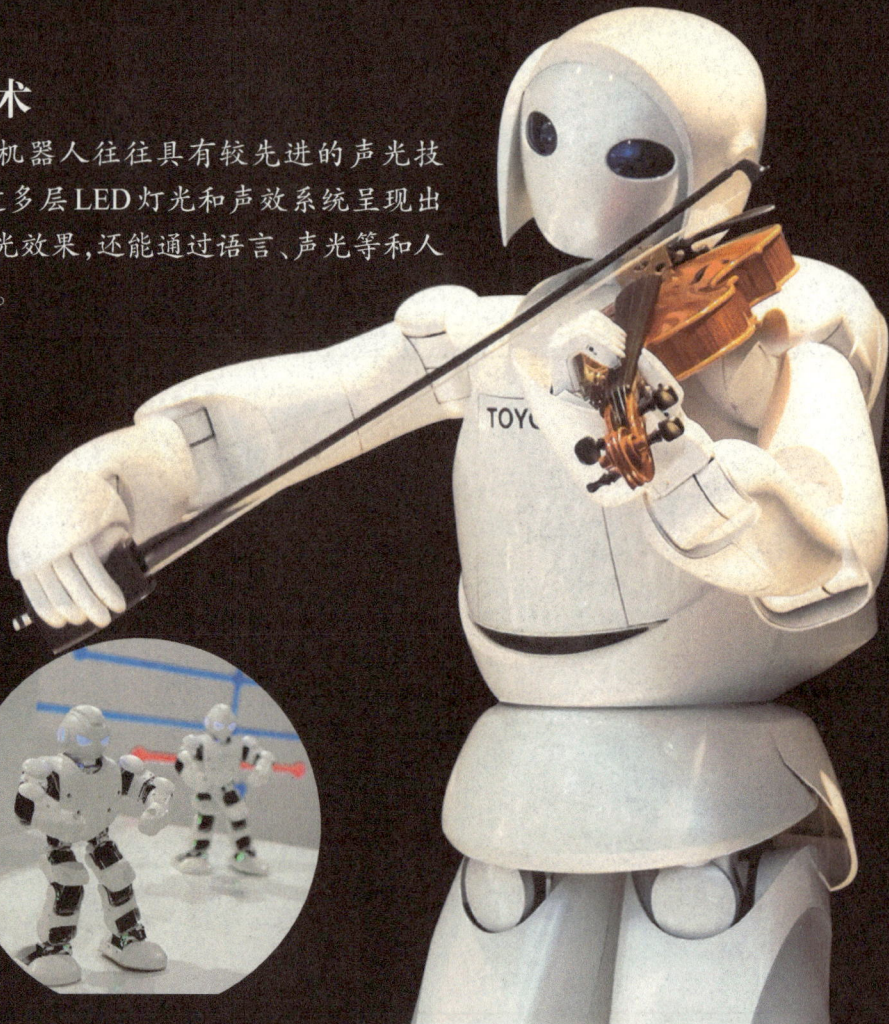

▶ 机器人演奏

▶ 跳舞机器人

定制功能

　　娱乐机器人往往具有定制功能，可以根据不同用户对象的不同需求来定制应用效果，比如同样是娱乐节目，针对孩子和成年人，它会呈现出不同的效果。

各种各样的娱乐机器人

　　打乒乓球机器人：实现了机器人与人连续多回合对打乒乓球。

　　绘画机器人：先给用户拍照，然后经过图像处理将用户的面部轮廓提取出来，最后在纸上逐笔画出用户的肖像。

　　桌面足球机器人：机器人能和人进行一场桌面足球比赛。

　　智能象棋机器人：机器人能和人进行象棋比赛。

▶ 机器人足球赛

医用机器人

医生做手术不同于工业生产，容不得一点儿失误。那么，医疗领域可以用机器人吗？答案是肯定的。医用机器人就是应用于医学领域的专业服务机器人。

▼ 智能机械手臂

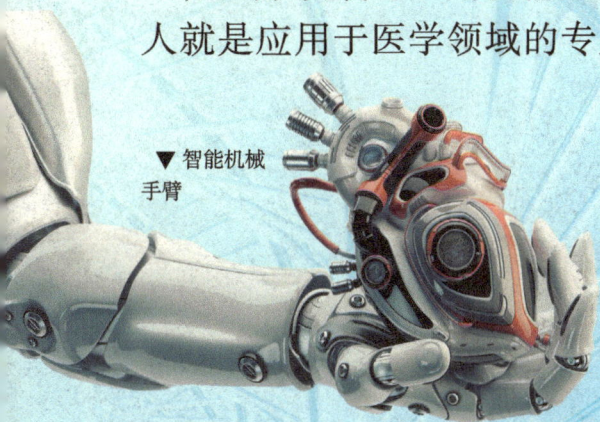

脑外科机器人

脑外科机器人能利用 CT 扫描探查病人脑内立体影像并明确病灶位置，辅助医生执行脑外科手术，不用开颅就可以实施活检取样、积液抽取、肿瘤内放射治疗等。

医院配送机器人

医院配送机器人主要完成送药、送餐进隔离区，并回收医疗垃圾等工作，还可自主实现开关门、搭乘电梯、避障、充电等。

▼ 有一些手术可以由医疗机器人来执行，医生只需盯着监视器，操纵医疗机器人的每一个动作

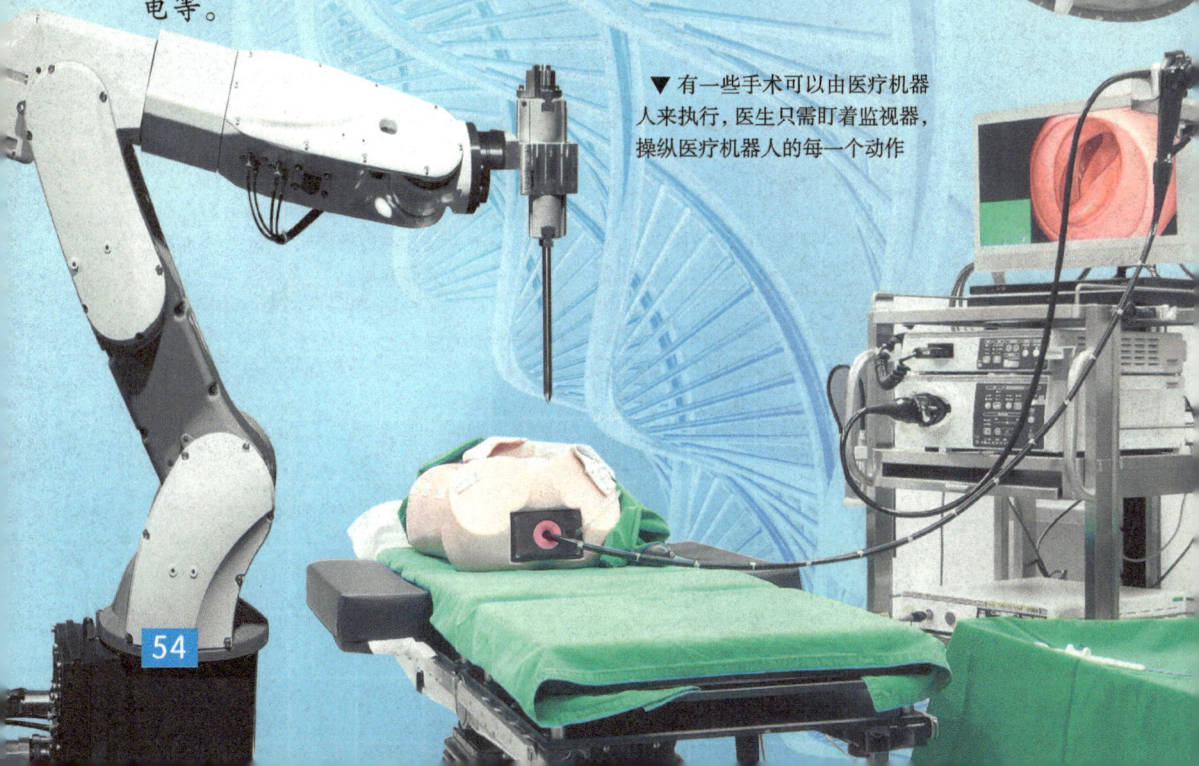

护理机器人

护理机器人可以帮助医护人员确认病人的身份，并准确无误地分发所需药品。未来，护理机器人还可以检查病人体温、清理病房，甚至通过视频传输帮助医生及时了解病人病情。

▲ 护理机器人

移动病人机器人和康复机器人

移动病人机器人主要帮助护士移动或运送瘫痪和行动不便的病人；康复机器人是工业机器人和医用机器人的结合，广泛应用于康复护理、康复治疗和假肢等方面。

▶ 康复机器人

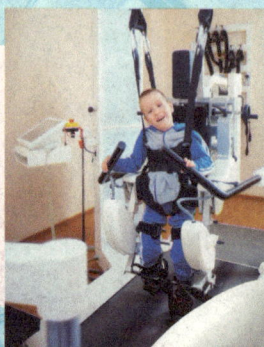

口腔修复机器人

口腔修复机器人可以利用图像、图形技术来获取生成无牙颌患者的口腔软硬组织计算机模型，从而实现口腔修复功能。

达·芬奇手术机器人系统

美国科学家正在研发一种手术机器人——"达·芬奇"，这种手术机器人能在医生操纵下精确完成心脏瓣膜修复手术和癌变组织切除手术。美国国家航空航天局计划将在其水下实验室和航天飞机上进行医用机器人操作实验。届时，医生在地面上的电脑前就可以操纵水下和天外的手术。

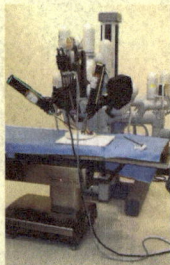

◀ "达·芬奇"
手术机器人

▲ 电影《超能陆战队》中可爱的医疗充气机器人——大白，它拥有多达一万种医疗知识储备，能扫描生命指数、提供部分医疗帮助，必要时还可以充当暖宝宝、救生圈等

机器人老师

专业服务机器人有一个重要的应用领域，就是教育行业。智能机器人的下一步应用可能是远程教育、自我强化教育、辅助教育，机器人老师就是智能机器人在教育领域的代表。

高考机器人

2017年高考时，人工智能机器人AI-Maths在数学科目的两套试题考试中分别取得了105分和100分的成绩。整个答题过程中，机器人不联网也不连接题库，依靠自己答题。

▶ 乐高机器人是一种机器人教育玩具，它集合了可编程主机、电动马达、传感器、齿轮、轴承等配件，可以让玩家自由发挥创意，拼凑各种模型，而且可以动起来

机器人阅卷

机器人可以对试卷进行数字化扫描处理，将答案转换成可识别的信号，再按阅卷专家的评判标准进行自动化阅卷，还能检测出空白和异常卷，并给出最终的评阅报告及考试分析报告。

◀ 智能数字化扫描阅卷想象图

美国教育考试服务中心

美国教育考试服务中心是世界上最大的私营非营利教育考试及评估机构,该机构已经成功引入机器人,和人类老师一起进行论文修改。

▲ Pepper 可为小学、中学、大学各阶段学生提供编程配套教材

▲ 幼儿学习机器人

机器人老师萨亚

2009 年,日本东京理科大学小林宏教授按照一位女大学生的模样塑造出机器人"萨亚"老师。萨亚皮肤白皙、面庞清秀,可以呈现出高兴、惊讶、厌恶、害怕、悲伤、生气等六种表情。小林宏教授设计萨亚的目的不是取代真人老师,而是使学生们在科技中体会到更多乐趣。小林宏教授认为,机器人可以在师资缺乏的农村和边远地区发挥作用。

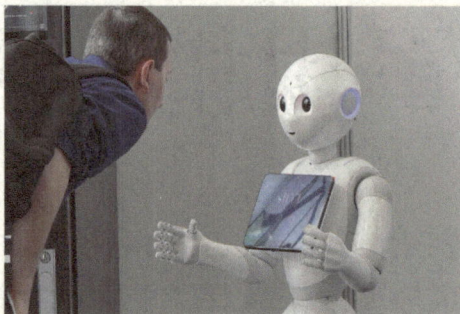

▲ 教育机器人以"在玩中学"的特点深受青少年的喜爱

57

军用机器人

军用机器人是一种广泛用于军事领域的智能机器人,它可以代替士兵完成一些极限条件下的危险军事任务,并能全方位、全天候地持续作战,使战争中大多数的军人免遭伤害。

▲ 扫雷机器人

地面军用机器人

地面军用机器人包括自主车辆和半自主车辆。前者依靠智能自主导航,躲避障碍物,完成任务;后者在人的监视下自主行驶,在遇到困难时,操作人员可以进行遥控干预。

▲ BigDog 四足军用机器人

▲ BigDog 具有激光陀螺仪和立体视觉系统

固定防御机器人

固定防御机器人是一种外形像铆钉的战斗机器人,它身上装有目标探测系统、控制系统和各种武器,往往固定配置于防御阵地前沿,进行防御战斗任务。

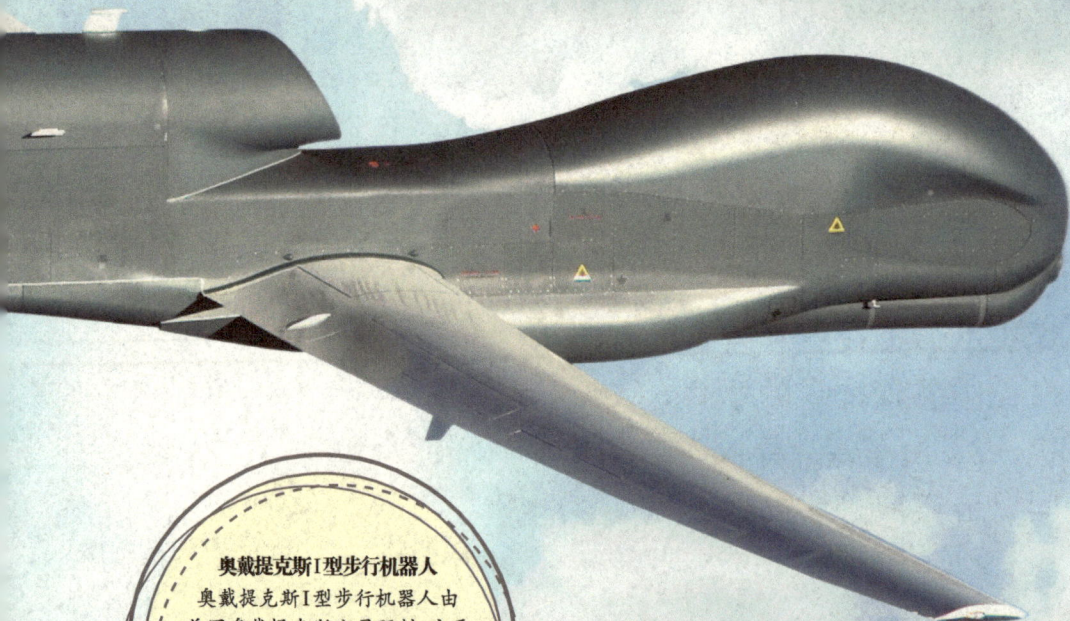

▲ 无人机是最常见的军用机器人。世界上最先进的无人机"全球鹰"既可以按照路径信息数据自主飞行,也可以在操作员的操纵下在天空中翱翔

飞行助手机器人

飞行助手机器人是一种装有微电脑和各种灵敏传感器的智能机器人,主要安装在军用战斗机上,通过对飞行过程或飞机周围环境的探测、分析,辅助驾驶员进行空中格斗任务。

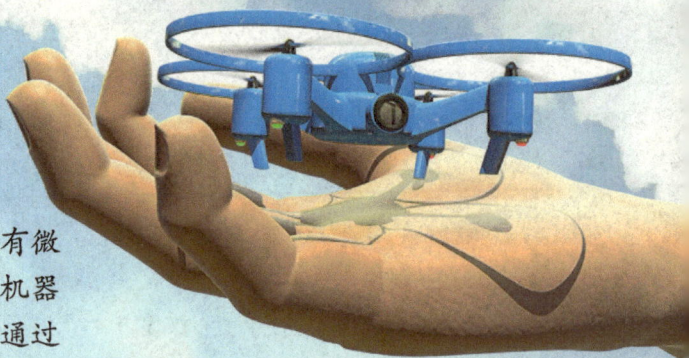

▲ 微型无人机的尺寸一般只有手掌大小,可以作为士兵随身携带的侦察设备,悄无声息地接近目标,进行侦察、监视等

反坦克机器人

反坦克机器人的外形类似小型面包车,能由微电脑或人来控制。当发现目标时,它能自行机动或由远处遥控人员指挥其机动,占领有利射击位置,瞄准目标发射导弹。

无人机

无人驾驶飞机简称无人机，英文缩写为UAV，是利用无线电遥控设备和自备的程序控制装置操纵的不载人飞机，或者由车载计算机完全或间歇地实现自主操作。

"翼龙"无人机

这是一种集中空、长航时、侦察打击于一体的多用途无人机，它具备全自主平轮式起降和飞行能力，最大起飞重量达1100千克，机重1.1吨，长9米，航程超过4000千米。

▼ "翼龙"无人机

"彩虹四号（CH-4）"中空长航时无人机

这是一款察打一体大型军用无人机，既可执行战场的侦察任务，搜集敌方作战信息，进行超视距预警，也可执行电子战任务，还能对地面固定目标和低速移动目标实施精确打击。

▼ "彩虹四号（CH-4）"中空长航时无人机

攻击-1 型无人机

这是中国空军现役的察打一体无人机，被誉为信息化战场的"新宠"，可担负低威胁环境下战场重点区域持久侦察、监视和攻击、毁伤效能评估等任务。

研发历程

1940年，二战中无人靶机用于训练防空炮手。

1945年，第二次世界大战之后将多余或退役的飞机改装成为特殊研究对象或靶机，成为近代无人机的雏形。

1955年至1974年，越南战争中，无人机被频繁地用于执行军事任务。

1982年，以色列国防军主要用无人机进行侦察、情报收集、跟踪和通信。

1991年，沙漠风暴作战中，美军曾经发射专门设计欺骗雷达系统的小型无人机作为诱饵，这种诱饵也成为其他国家效仿的对象。

20世纪90年代，海湾战争后，无人机开始飞速发展和广泛运用。

20世纪90年代后，新翼型和轻型材料的出现，大大增加了无人机的续航时间。

WJ-600 型高空高速无人机

它是一种大型无人机，外形类似巡航导弹，既可以装载各种先进的光电侦察、合成孔径雷达等电子侦测设备，也可以在机翼下方挂载KD-2等空对地导弹，变成"空中杀手"。

◀ X-47B 无人轰炸机

61

机器人警察

　　机器人警察是一种辅助警察工作的机器人，目前多应用于辅助维护交通领域。国内第一批机器人警察于2019年8月在河北邯郸投放使用。

第一位机器人警察

　　世界上第一位机器人警察诞生于迪拜。这款机器人只在商场使用，主要职责是在商场巡逻。

辅助处理车辆的机器人警察

　　辅助处理车辆的机器人警察配备智能摄像头，可以发现交通违规行为，给违规者提供口头警告并拍摄事故照片。

▶ 上海首个机器人警察在南京路步行街巡逻，配备有先进的 5G 技术和高清摄像头

▼ 骑士视界的机器人警察在商场巡逻

▼ 新加坡樟宜机场入口的橙黑机器人交通警察

骑士视界的机器人警察

　　国外一家名为骑士视界的科技公司生产的机器人是用来协助警察打击犯罪分子的。该公司表示，他们的目标是在机器人巡逻的范围内，将犯罪活动减少一半。据悉，这些机器人警察高1.5米，重136千克，可以在特定范围内自由移动，它们没有武器，但有360°日夜摄影机。

道路巡逻机器人警察

　　道路巡逻机器人警察不仅可以通过自动导航系统识别车辆并拍摄违法行为，而且可以给路上的行人提醒。

▼ 骑士视界的机器人警察可以成为执法机构的耳目，不仅能记录各种不合法活动，还能侦察生化武器；该公司还准备在机器人身上安装一个光学文字识别系统，用来鉴定车牌

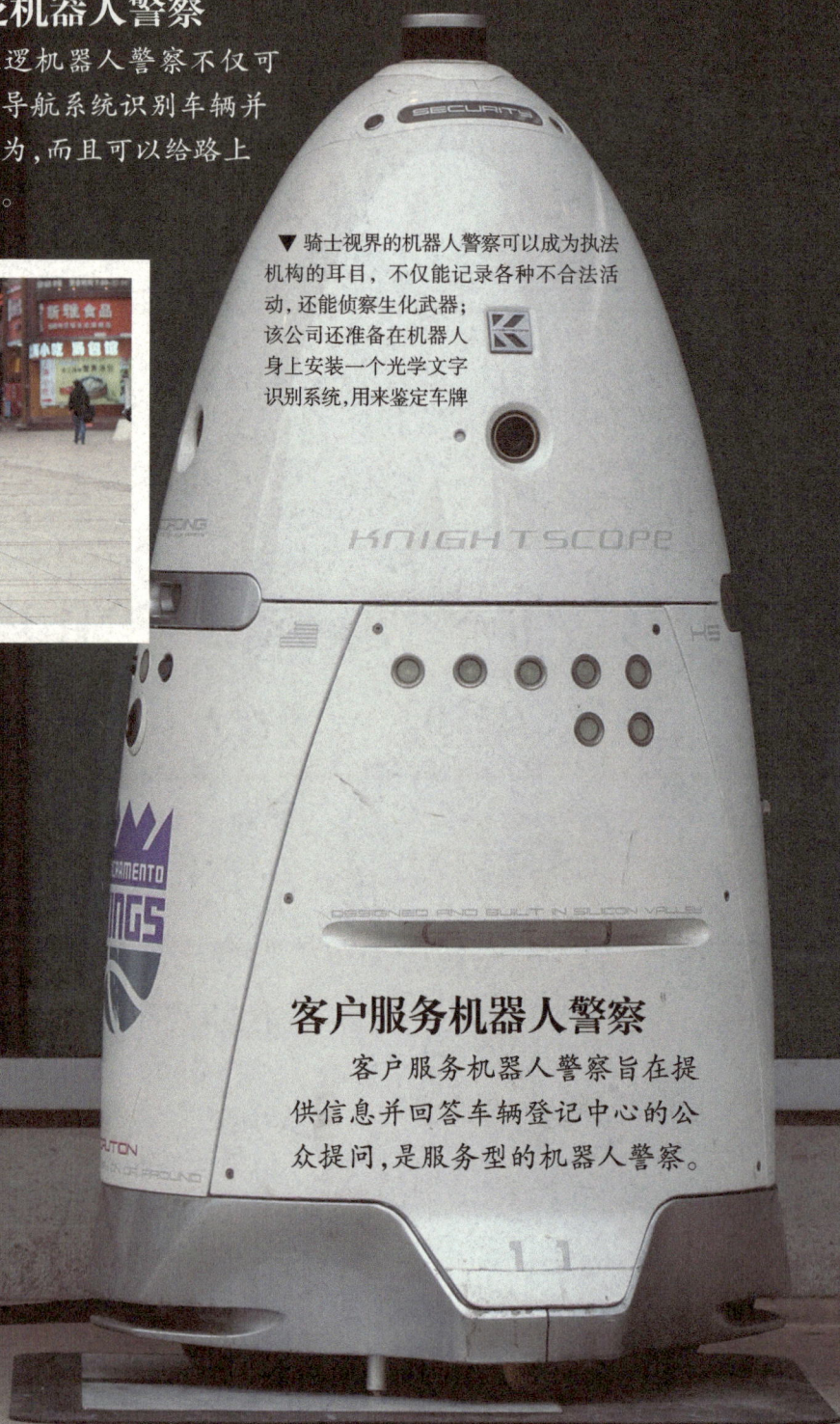

客户服务机器人警察

　　客户服务机器人警察旨在提供信息并回答车辆登记中心的公众提问，是服务型的机器人警察。

水下机器人

　　水下机器人也称无人遥控潜水器，是一种工作于水下的极限作业机器人。水下环境恶劣危险，人的潜水深度有限，所以水下机器人已成为开发海洋的重要工具。

▼ 水下机器人常搭载水下光源和照相机、摄影机、机械手臂、声呐等设备

▼ 遥控潜水器可以在专业人员的操作下执行复杂的工作

"海人 1 号"水下机器人

　　"海人 1 号"水下机器人装有摄像机和照相机，可对沉着物和海底进行拍摄，具有自动回避障碍、自动围绕沉着物巡游和自动返航等自主能力。

"逆戟鲸"号无人无缆潜水器

　　1980 年，法国国家海洋开发中心建造了"逆戟鲸"号无人无缆潜水器，最大潜深为 6000 米。

　　"逆戟鲸"号潜水器先后进行过 130 多次深潜作业，完成了海底峡谷调查等任务。

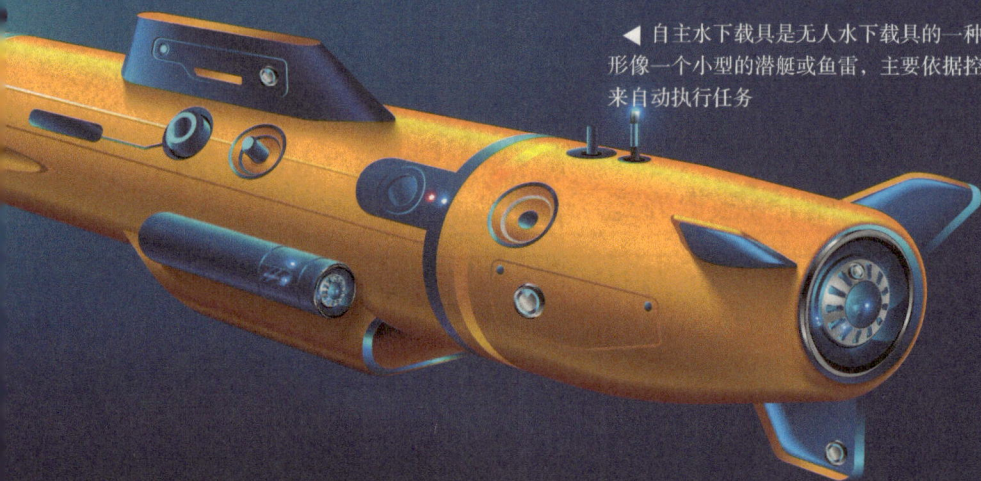

◀ 自主水下载具是无人水下载具的一种，它的外形像一个小型的潜艇或鱼雷，主要依据控制器编程来自动执行任务

机器鱼

机器鱼也叫鱼形水下机器人，它配备有化学传感器，能够在水中游数小时。机器鱼常用来发现污染物质，并绘制港口的实时三维图，从而表明当前海水中存在什么化学物质以及该物质位于什么地方。机器鱼技术的开发将增加港口管理部门监视船舶污染、其他类型有害污染物和来自水下管道排放污染物质的灵活性和适应性。除有益于欧盟港口的监视操作外，机器鱼还促进了机器人技术、化学分析、水下通信的进步。

"海鲀3K号"潜水器

1987年，日本海事科学技术中心成功研究出可下潜3300米的深海无人遥控潜水器——"海鲀3K号"。它被用来专门从事深海研究，也可用于海底救护。

水下机器人DepthX

水下机器人DepthX可以在水下环境中移动，并绘制出被淹没地区或矿井的三维地图。

▶ 水下机器人 DepthX

65

农业机器人

农业机器人是一种由不同程序软件控制，能感觉并适应农作物种类或环境变化，有检测和演算等人工智能的新一代无人自动操作机械。

▼ 农业机器人可以对杂草进行鉴别和清除，并为农作物喷洒化肥农药

施肥机器人

施肥机器人会从不同土壤的实际情况出发，适量施肥。它的准确计算合理地减少了施肥的总量，降低了农业成本。由于施肥科学，施肥机器人还可使地下水质得以改善。

采摘柑橘机器人

西班牙科技人员发明的采摘柑橘机器人由一台装有计算机的拖拉机、一套光学视觉系统和一个机械臂组成，能够从柑橘的大小、形状和颜色判断出柑橘是否成熟，从而决定是否采摘。

◄ 农业机器人能通过检测和演算完成各种作业

▼ 农业机器人可以帮助人们完成杂草清除、播种、收获、环境监测和土壤分析等多种任务

▲ 番茄收获机器人   ▲ 采摘草莓机器人

番茄收获机器人

　　针对成熟番茄果实表现为红色这一特点，日本番茄收获机器人用彩色摄像头作为视觉传感器，基于RGB来区分水果和茎叶。

分拣果实机器人

　　分拣果实机器人采用光电图像辨别和提升分拣机械组合装置，可在潮湿和泥泞的环境里干活。它能把大个西红柿和小粒樱桃加以区别，然后分拣装运，并且不会擦伤果实的外皮。

采摘草莓机器人

　　日本研究发明了一个能够采摘草莓的机器人。该机器人装有一组摄像头，能够精确捕捉草莓的位置，配套软件能根据草莓的红色程度来确保机器人采摘的是成熟草莓。虽然此机器人目前只能采摘草莓，但可以通过修改程序来使机器人采摘其他水果，如葡萄、番茄等。机器人采摘一个草莓的时间是9秒，如果大范围使用并能保持采摘效率，可以节省人们40%的采摘时间。

RGB色彩模式

　　RGB色彩模式是工业界的一种颜色标准，是通过对红(R)、绿(G)、蓝(B)三个颜色通道的变化以及它们相互之间的叠加来得到各式各样的颜色的。RGB色彩模式几乎包括了人类视力所能感知的所有颜色，是运用最广的颜色系统之一。

遥控机器人

遥控机器人是指操作者通过遥控完成各种远程作业的机器人。它可在对人有害或人不能接近的环境里，代替人去完成一定任务。这些危险、恶劣、有害的环境，在某种程度上推动了机器人技术的发展。

遥控机器人系统的关键特征

遥控的机械装置必须可移动，能在工作现场之内或周围移动。最早的遥控机器人系统出现在20世纪40年代，最初只是一个巨大的臂，可让科学家安全地处理放射性物质。

DXR 300

这是一种紧凑的遥控破拆机器人，配有360°可旋转臂。它自身重量轻、机动性好、结构紧凑、破拆效率高，专门用于狭窄空间的破拆工作。

MDB 遥控开荒机器人

MDB遥控开荒机器人源自意大利，专门在机动性受限的复杂环境下作业，具备超强的拓荒能力。它能高效应用于森林防火救援，用于开设防火隔离带，粉碎灌木杂草以及道路边坡清理。这种机器人具有150米超长距离遥控作业的能力，可以避免作业人员在恶劣地形工作时受伤害。它微型的机身操作灵活，能有效清除狭小空间的障碍。此外，它的底盘还能自动加宽，能有效应对60°极端斜坡。

◀ 背包机器人可通过远程控制来执行炸弹处理、侦察和监视等任务

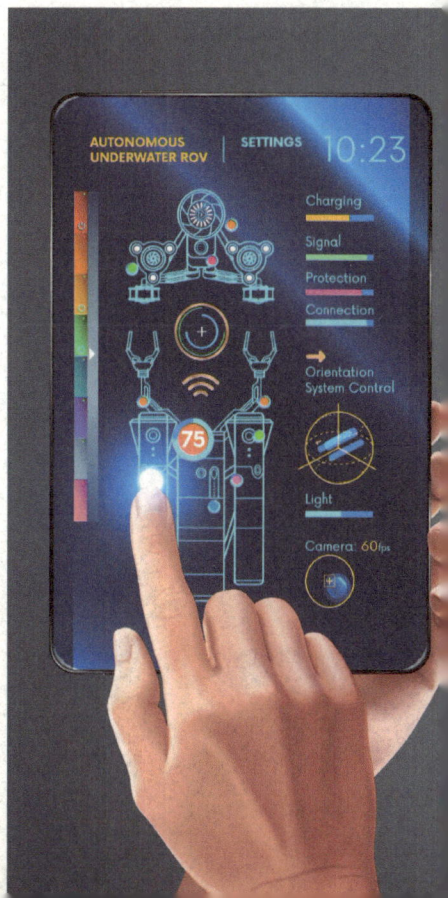

AUTONOMOUS UNDERWATER ROV | SETTINGS | 10:23
Charging
Signal
Protection
Connection
Orientation System Control
75
Light
Camera: 60fps

CIRA 3

这款机器人被设计用来为疑似新冠患者进行相关检测检查，以减少医务人员的感染风险。

水下遥控机器人（ROV）

ROV 已成为人类进入、探测和开发海洋不可或缺的重要工具，它广泛应用于海洋油气开发、水下检测维修、水下施工、水下科考、水下救援、海洋养殖等领域。

▼ 水下遥控机器人

▲ 南极洲威德尔海——2013 年 9 月 19 日，科学家正在浮冰上建立一个遥控飞行器营地，以探索冰下藻类的生长情况

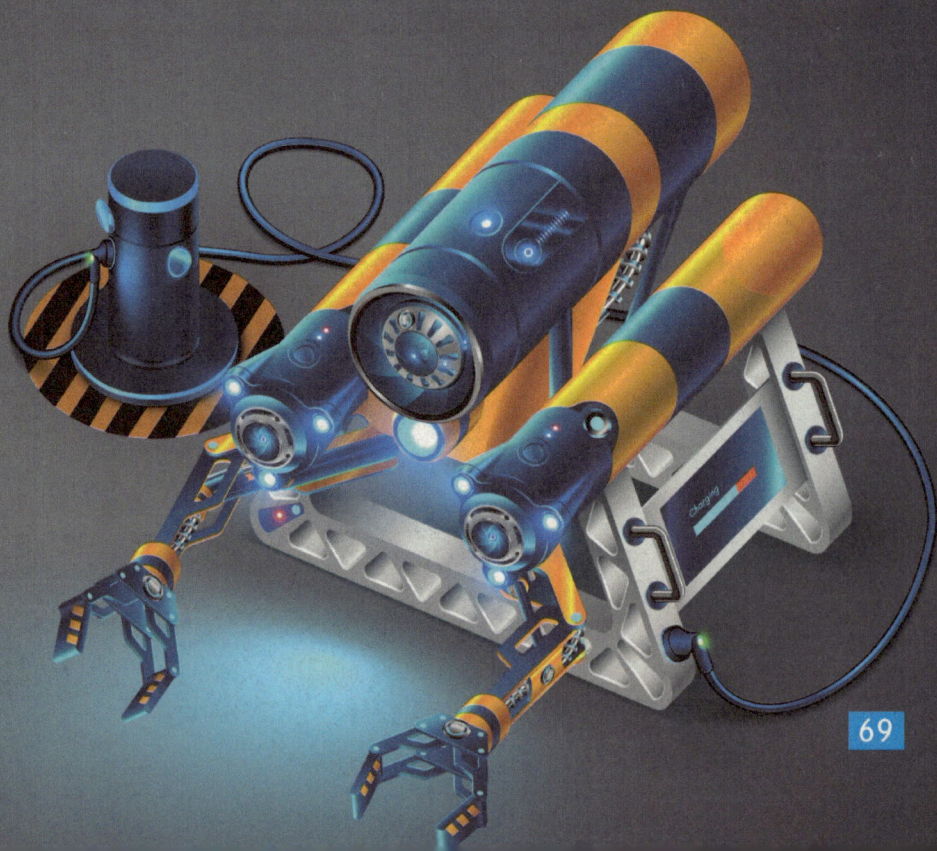

救援机器人

　　救援机器人是为救援而采用先进科学技术研制的机器人，如地震救援机器人是一种专门用于震后在废墟中寻找幸存者的机器人。这种机器人配备了彩色摄像机、热成像仪和通信系统。

▶ 土耳其的灾难搜救机器人

◀ 履带式机器人看起来像一辆坦克，可以克服各种障碍物进行搜救；有的履带式机器人身上有一个巨大的箱体，可以将被困人员装在里面并运出危险地带

废墟搜索可变形机器人

　　废墟搜索可变形机器人目前已在国家地震紧急救援训练基地和地震救援演习中进行了成功的示范应用，并随国家地震紧急救援队参加了四川芦山7.0级强烈地震现场救援工作。

▲ 救援机器人测试

洞穴搜救机器人

洞穴搜救机器人最大的特点就是可根据废墟现场的地形进行变形，可以呈线条形、三角形等形状。它可以携带生命探测仪和夜视摄像头进入废墟内部，为救援人员提供准确的信息。

机器人化生命探测仪

机器人化生命探测仪可实现复杂环境中机器人化、调整探测范围的生命探测功能，其不受地形条件和被困人员状态的限制。

▲ 机器人IBIS可用于烟火作业和危险物体处理侦察、化学探测和救援作业

蚯蚓机器人

某科技大学的一名学生从蚯蚓身上得到灵感，把机器人分成三部分，每部分都装有传感器、驱动系统。这样在地震、矿难等灾难发生后的恶劣条件下，即使机器人的一部分被外力破坏，剩余的部分仍可继续执行任务。

"地震救援希望之星"

广州几名小学生发明了地震救援机器人"地震救援希望之星"。其最前端装有摄像头，观察到的图像会传输到另一端的电脑显示器上，成为救援人员的"火眼金睛"。它的尾部装有温度传感器，能够感测到火灾。一旦发现有受难者，机器人就会启用前端的夹子把人夹出危险区域。这项发明在广州市青少年机器人竞赛上获得了第一名。

71

探险机器人

在探险机器人方面,国外的研究进行得较早,特别是美国、日本的探险机器人更是达到了较高水平。中国在这方面起步较晚,大约在 20 世纪 70 年代开始研究。

"超人"号机器人

美国在 1989 年就有一款"超人"号机器人服役于军方,用于险情区域探测。海湾战争后,美国海军也曾用这款机器人在沙特阿拉伯和科威特代替人进行探测活动。

▼ 工作人员由于危险无法在现场执行工作时,会使用探险机器人

"勇气"号探测器

2004 年 1 月美国国家航空航天局发射的"勇气"号探测器登陆火星,它的目的是在火星探险,寻找火星的秘密。

▲ "勇气"号是为研究火星地质构造以及寻找火星是否有生命存在的证据等发射的火星探测器。任务期间,"勇气"号探测器拍下了古谢夫陨石坑的"内部盆地"和"哥伦比亚山脉",同时获得了一批宝贵的数据,并意外发现了此前没有预料到的化学物质

PXJ2 机器人

中国科学院沈阳自动化研究所研制的PXJ2机器人,是用于危险作业环境的一种遥控排险机器人。

冰雪面移动机器人

冰雪面移动机器人可以在低温环境下工作,具有可自主跨越冰裂缝、翻越雪坡和雪丘的爬坡和越障能力。这也是我国在南极考察中首次运用智能机器人。

太空机器人

太空机器人是一种在航天器或空间站上作业的具有智能的通用机械系统。太空机器人具有机械臂和电脑，能实现感知、推理和决策等功能。

特点

太空机器人需要采用三维彩色视觉系统，以便同时确定物体的位置和方向，还要有便于更换的灵巧末端操纵器，利用其接近觉、触觉、力觉、滑觉传感器配合视觉系统完成任务。

◀ 在太空工作的机器人

▼ 美国华裔航天员焦立中在命运舱中控制遥控机械臂

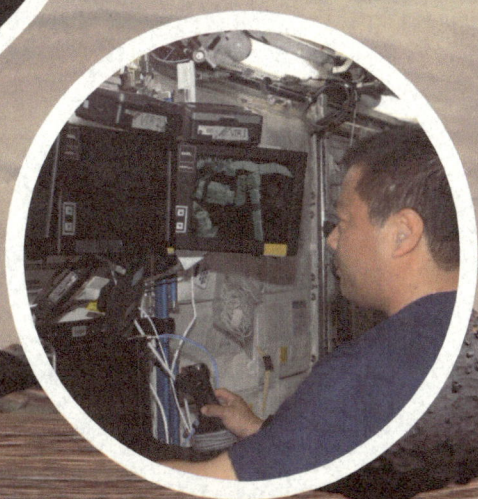

遥控机械臂

遥控机械臂就是最简单的太空机器人，一种由人操纵的多关节机械装置。它仅起执行机构的作用，需要由人不断操纵。操作者是控制回路的直接组成部分。

"观察者-Ⅲ"航天器

1967年美国"观察者-Ⅲ"航天器上安装的机械臂，在地面操作者控制下，用手爪在月面上完成了挖沟操作并进行了土壤实验。

▲ "海盗"号火星着陆器

"海盗"号火星着陆器

1976年，美国"海盗"号火星着陆器上安装的机器人接收地面遥控指令后，启动一个预先编好的程序，便在指定的火星表面上着陆，取回火星表层的土样，并完成挖沟操作。

远程遥控空间机器人

远程遥控空间机器人是一种人机混合的遥控系统，初期空间站开发中应用的主要就是这种机器人。它将遥控和一定级别的自主技术相结合。

系统有两个控制回路：本地回路和远地回路。两回路之间由远程通信联系。太空机器人在远地回路工作，控制人员在本地回路对太空机器人发出遥控操作指令。控制人员在本地回路内，根据机器人发来的各种信息，监视机器人在远地回路的工作，并不时向它发出指令。太空机器人接到控制人员的指令后，根据自身的传感器信息和智能，在远地计算机控制下完成指定操作。

◀ 2004年1月25日，美国的"机遇"号机器人在火星表面安全着陆

75

机器人和人工智能

机器人发展到现在，逐渐向人工智能靠拢。人工智能使机器人能够像人一样看见世界、听见声音，并赋予机器人思考的能力，而在人工智能的帮助下，机器人的智能水平也提高了。

给机器人装上"眼睛"

通过红外线避障传感器确认障碍的位置，再通过人工智能规划路线避开障碍，机器人就像拥有了双眼，可以精确地躲开障碍物行走。

▲ 红外线传感器装置

人工智能的安全问题

人工智能机器人还在研究中，但有学者认为让计算机拥有智商是很危险的，它可能会反抗人类。这种情况我们在很多电影中也看到过。如果使机器拥有自主意识，则意味着机器具有与人同等或类似的创造性、自我保护意识、情感和自发行为。

给机器人装上"嘴巴"

智能语音技术的研究是以语音识别技术为开端的。随着信息技术的发展，智能语音技术帮助机器人与人类建立起了交流渠道，使得机器人能"听懂"人类说话，并能"回答"问题。

▼ 智能语音助手

双脑融合

双脑融合就是为机器人建造人工感知系统。举例来说，就是将机器人得到的"今天温度24℃，照片显示有太阳"的数据信息转化为"今天天气真好啊"这样的结论。

▶ 带有神经元信号的电子大脑概念图

▼ 机器学习是人工智能的核心，是使计算机具有智能的根本途径

信息获取与信息处理

人工智能为机器人提供了多样化的、更接近人类的信息获取方式，并且赋予机器人将获取到的信息以人类的思维方式进行处理的能力，这就是人工智能机器人越来越像人类的原因。

机器人和人工智能的区别

机器人和人工智能是一直被放在一起讨论的两个概念，但它们不能被混为一谈。机器人是硬件与软件结合的，拥有机械结构、能够工作的仿人机械装置；人工智能是研究、开发用于模拟、延伸和扩展人的智能的理论、方法、技术。前者偏重应用，后者偏重理论。

机器人的情感

在人工智能的加持下，机器人的认知模式和行为模式越来越类人化。从人类情感角度来说，机器人已经拥有了人类的低级情绪，也就是我们通常说的喜、怒、哀、乐。

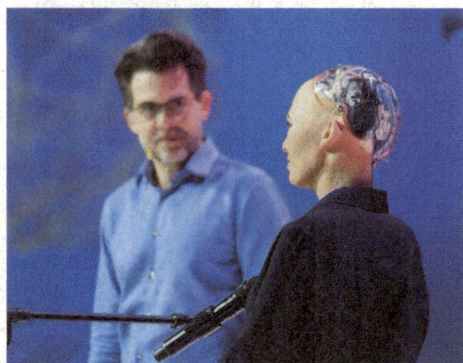

情感计算

机器人产生情感，是通过情感计算来实现的。情感计算研究就是试图创建一种能感知、识别和理解人的情感，并能针对人的情感作出智能、灵敏、友好反应的计算系统。

◀ 索菲亚的"大脑"采用了先进的语音识别技术

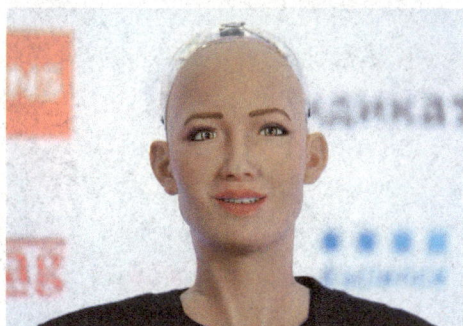

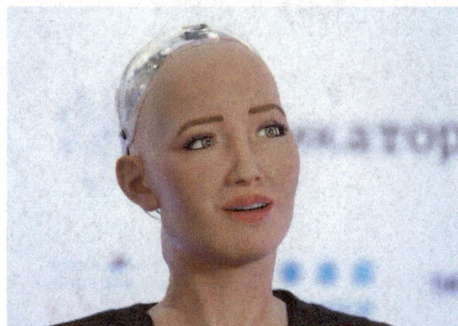

▲ 索菲亚的皮肤由延展性非常好的橡胶材料制成，里面置有很多电机，这使它可以作出 62 种面部表情

情感的成分

情感具有三个成分：一是主观体验，即个体对不同情感状态的自我感受；二是外部表现，即表情，包括面部表情、姿态表情和语调表情；三是生理唤醒，即情感产生的生理反应。

机器人无法模拟的高级情绪

人类除了拥有喜、怒、哀、乐等低级情绪，还拥有高级情绪。它们是社会性的、精神性的、后天习得的，比如道德、爱情。理论上高级情绪是无法通过程序模拟的，但如果人工智能拥有完善的低级情绪及学习能力，则有可能自行发展出高级情绪。所以机器人完全有可能拥有人的情感，但到那时，是否意味着它也同时拥有了成为人类的资格呢？

机器人的情感表达

　　情感计算在赋予机器人识别、理解人类情感的基础上，进一步使机器人去模仿、还原人类的这些情绪特征。这样，机器人就具有了与人相同的情绪表达能力。

◀ 情感是一种内部的主观体验，但总是伴随着某种表情，机器人的情感也是通过表情来体现的

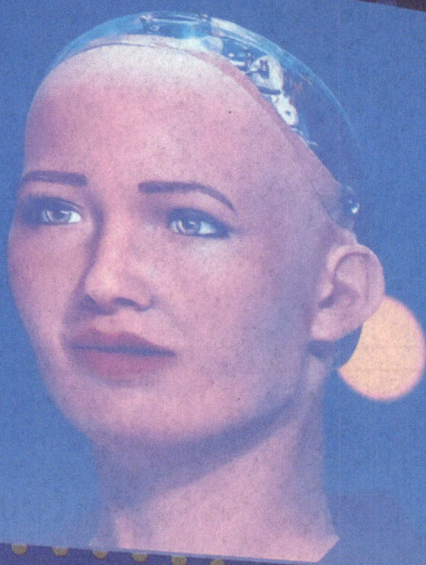

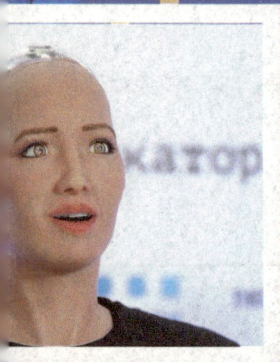

情感计算的实现

　　情感计算通过情感测量和情感维度来实现。情感测量识别出人类表情和生理反应，将这种情感表现对应到被量化的情感维度中，就能得到人类当下表达的情感是什么。

机器人三定律

从机器人诞生时起，人们就担心机器人拥有了自主意识，会危及人类的安全。美国科幻作家艾萨克·阿西莫夫因此提出了设计机器人时必须让它们遵守的"机器人三定律"。

◀ 艾萨克·阿西莫夫

第一定律

机器人不得伤害人类个体，或者目睹人类个体将遭受危险而袖手旁观。第一定律过于强调人类个体，而忽略了人类整体，这是它的漏洞。

第二定律

机器人应服从人的一切命令，但命令与第一定律相抵触时例外。举例来说，机器人应听从主人的命令，但主人要求它伤害人类时，机器人不能执行这个命令。

第三定律

　　机器人在不违反第一、第二定律的情况下要尽可能保护自己的生存。

　　这些定律构成了支配机器人行为的道德标准，机器人必须按人的指令行事，为人类生产和生活服务。

第零定律

　　这是凌驾于三定律之上的机器人总则，即机器人必须保护人类的整体利益不受伤害。在第零定律与其他三条定律冲突时，优先遵守第零定律。

◀"机器人三定律"是智能机器人必须遵守的，三条定律之间互相约束，为智能机器人忠诚于人类提供了逻辑上的前提。不过，在逻辑上，这三条定律还有漏洞，于是又出现了补充的"机器人第零定律"

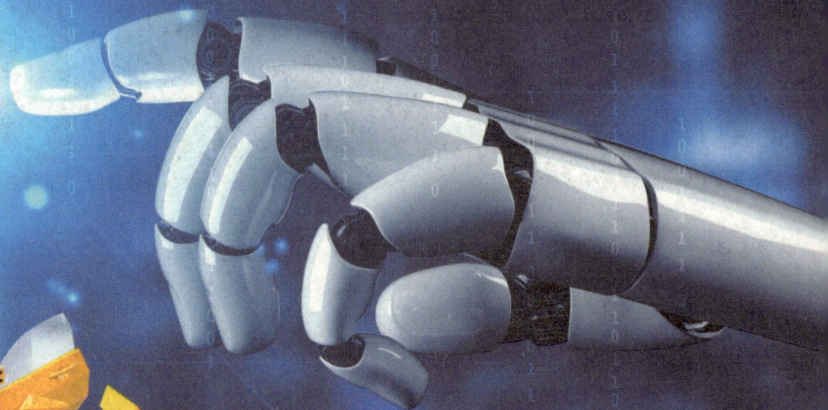

◀在科幻电影中，人们创造了各式各样的太空飞船和机器人，比如擎天柱，它因正直、强壮、博爱而成为变形金刚系列的经典代表人物之一

"机器人三定律"的意义

　　"机器人三定律"在科幻小说中大放光彩，小说中的机器人基本都遵守这三条定律。同时，"机器人三定律"也具有一定的现实意义，在其基础上建立了新兴学科"机械伦理学"，旨在研究人类和机械之间的关系。虽然这三条定律在现实机器人工业中并没有得到广泛应用，但很多人工智能和机器人领域的技术专家也认同这个准则。随着技术的发展，"机器人三定律"可能成为未来机器人的安全准则。

机器人的未来

　　机器人的未来是具有无限可能的，这不仅体现在机器人将会更广泛地应用到我们的生活和工作中，还体现在更多形态、更多不可思议的机器人将会诞生。

自我意识

　　从执行命令到拥有自我意识很可能是未来的机器人会发生的转变。在打造拥有自我意识的机器人时，强化机器人本身的认知学习能力将是科学家着手研究的重点。

◀ 高度智能化的机器人

生物材料

　　目前已经出现了由青蛙胚胎中提取的活细胞组成的活体机器人。在未来，可能会有规模化小型活体机器人出现，也可能会有用哺乳动物的细胞创造出的有血管、神经系统、感觉细胞和眼睛的机器人。

▲ 理想中的高仿真机器人是高级整合控制论、机械电子、计算机与人工智能、材料学和仿生学的产物,目前科学界正在向此方向研究开发

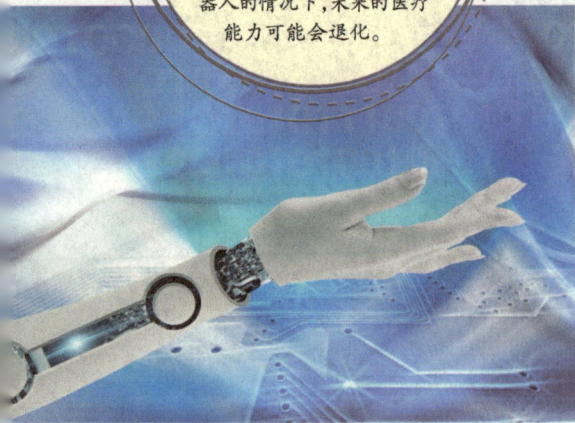

过度依赖

可以预见,在不远的将来,机器人会分化出更加细致的使用功能,从方方面面辅助人类。但如果人类过度依赖机器人,也会出现严重后果。例如,在过度依赖医疗辅助机器人的情况下,未来的医疗能力可能会退化。

复原功能

　　未来智能机器人将具备越来越强大的自行复原功能,对于机体内部零件等运行情况,机器人会随时检查一切状况,并做到及时排除。

◀ 适应控制型机器人能适应环境的变化,控制其自身的行动

智能化的未来

　　未来的机器人会变得更容易沟通,更具独立性,更加高效,更加智能。它们会解放人类繁忙的双手,就像当初计算机解放人类的计算一样,让人类有更多的时间进行发明创造。

▶ 在未来,人可以通过思维控制机器人,前提是人脑中要先植入一个芯片,机器人才能辨认出人脑部的活动(图为大脑芯片植入设想图)

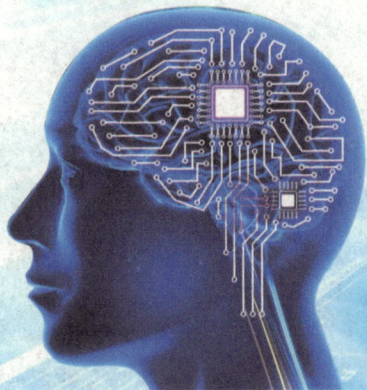

83

中国机器人现状

　　我国机器人发展起步较其他发达国家来说要晚一些，但我国大力赶超，已经取得了不菲的成绩。现在，我国机器人市场需求潜力巨大，工业与服务领域颇具成长空间。

工业机器人

　　当前，我国生产制造智能化改造升级的需求日益凸显，工业机器人需求旺盛。我国工业机器人市场向好发展，占全球市场份额三分之一，是全球第一大工业机器人应用市场。与此同时，国产工业机器人正逐步获得市场认可，在市场总销量中的比重稳步提高。

▲ 安川首钢工业机械臂

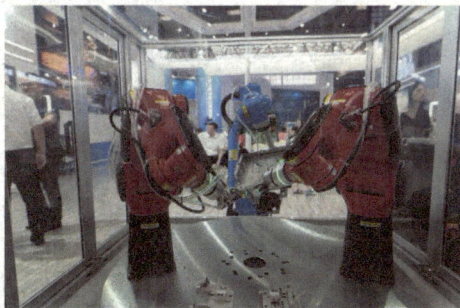
▲ 中国国际智能产业博览会上展出的机械臂

▲ 京东无人仓库智能搬运机器人（AGV）

▲ 新松机器人是我国著名的机器人之一

▲ 科沃斯公共服务机器人旺宝具备满足不同行业业务需求的能力

服务机器人

我国服务机器人的市场规模快速扩大，成为机器人市场应用中颇具亮点的领域。随着人口老龄化趋势的加快，以及医疗、教育需求的旺盛，我国服务机器人存在巨大市场潜力和发展空间。

特种机器人

当前，我国特种机器人市场发展较快，各种类型的产品不断出现。在应对地震、洪涝灾害和极端天气，以及矿难、火灾等公共安全事件时，特种机器人有着不俗的表现。

▼ 国产远程水下机器人

悟空机器人

我国在人工智能领域技术创新不断加快，专利申请数量与美国处于同等数量级，特别是计算机视觉和智能语音等应用层专利数量快速增长，催生出一批创新创业型企业。例如，优必选发布的悟空机器人，可实现拍照、打电话、视频监控、儿童编程、讲绘本、识别人脸、语音操控、定位导航、设备互联等功能，同时该机器人融合了人工智能技术，可以做到年龄估算、物体识别，对人体姿态监测后，还能对姿态进行3D重建，模仿人类的动作。

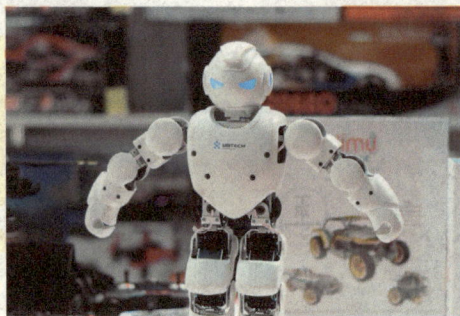

▲ 悟空机器人

85

中国机器人产业联盟

中国机器人产业联盟是由积极投身于机器人事业，从事机器人产业研究开发、生产制造、应用服务的企事业单位、科研机构及其他相关机构自愿组成的非营利性社会团体。

基本情况

中国机器人产业联盟成立于 2013 年 4 月 21 日，目前已有成员单位 400 余家。联盟的英文名称是 China Robot Industry Alliance，英文缩写为 CRIA。

联盟宗旨

中国机器人产业联盟的宗旨是以国家产业政策为指导，以市场为导向，以企业为主体，搭建产、学、研、用的平台，完善我国机器人产业链，促进我国机器人产业的健康发展。

中国机器人产业联盟网

中国机器人产业联盟网是中国机器人产业联盟的官方网站，是为政府相关部门、联盟成员、国内主流机器人企事业单位、大专院校、研究院所及广大使用者提供信息服务的平台。

▼ 目前机器人技术与产品已经在各行业中得到广泛应用

▼ 中国机器人行业的快速增长，对新兴产业发展和传统产业转型起到重要作用

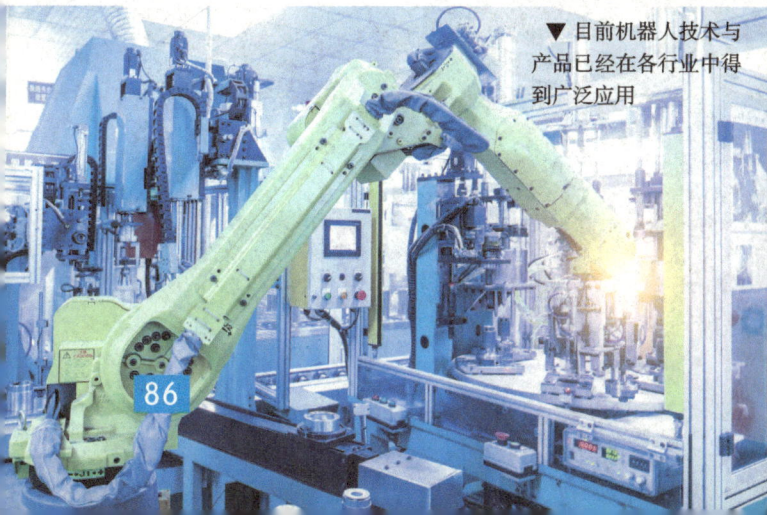

主要任务

中国机器人产业联盟的主要任务是贯彻国家的产业政策和要求，促进联盟成员在技术、市场、知识产权等领域的合作交流，推进产、学、研、用合作，督导行业自律，避免重复建设。

中国机器人产业联盟对机器人发展的作用

中国机器人产业联盟主要研究我国机器人产业现状、发展趋势和面临的困难与问题，协同推进我国机器人产业链的有序发展，加速机器人技术与产品在各行业的普及应用。第一届产业联盟共有77家成员单位，覆盖了目前国内机器人产业链骨干企事业单位及主要研究机构等，代表了我国机器人产业的发展水平，成为机器人产业的中坚力量。

机器人学国家重点实验室

机器人学国家重点实验室是我国机器人学领域最早建立的部门重点实验室，我国机器人学领域著名科学家蒋新松院士在 1989 年至 1997 年曾任实验室主任。

实验室前身

机器人学国家重点实验室依托于中国科学院沈阳自动化研究所，前身是中国科学院机器人学开放实验室。

核心地位

目前，机器人学国家重点实验室的机器人学研究总体水平在国内相关领域处于核心和领先地位，是国内外具有重要影响的机器人学研究基地。

发展状况

近几年来，机器人学国家重点实验室结合自身的发展方向，有针对性地与国内外知名科研团队建立合作关系，加强了实验室的学科建设，建立了演示验证系统。

发展方向

机器人学国家重点实验室主要面向发展具有感知、思维和动作能力的先进机器人系统，研究机器人学基础理论方法、关键技术、机器人系统集成技术和机器人应用技术。

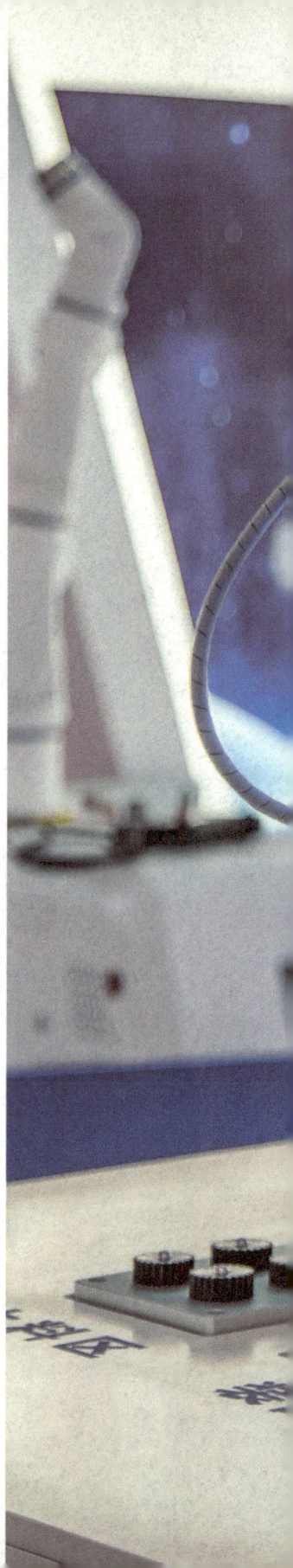

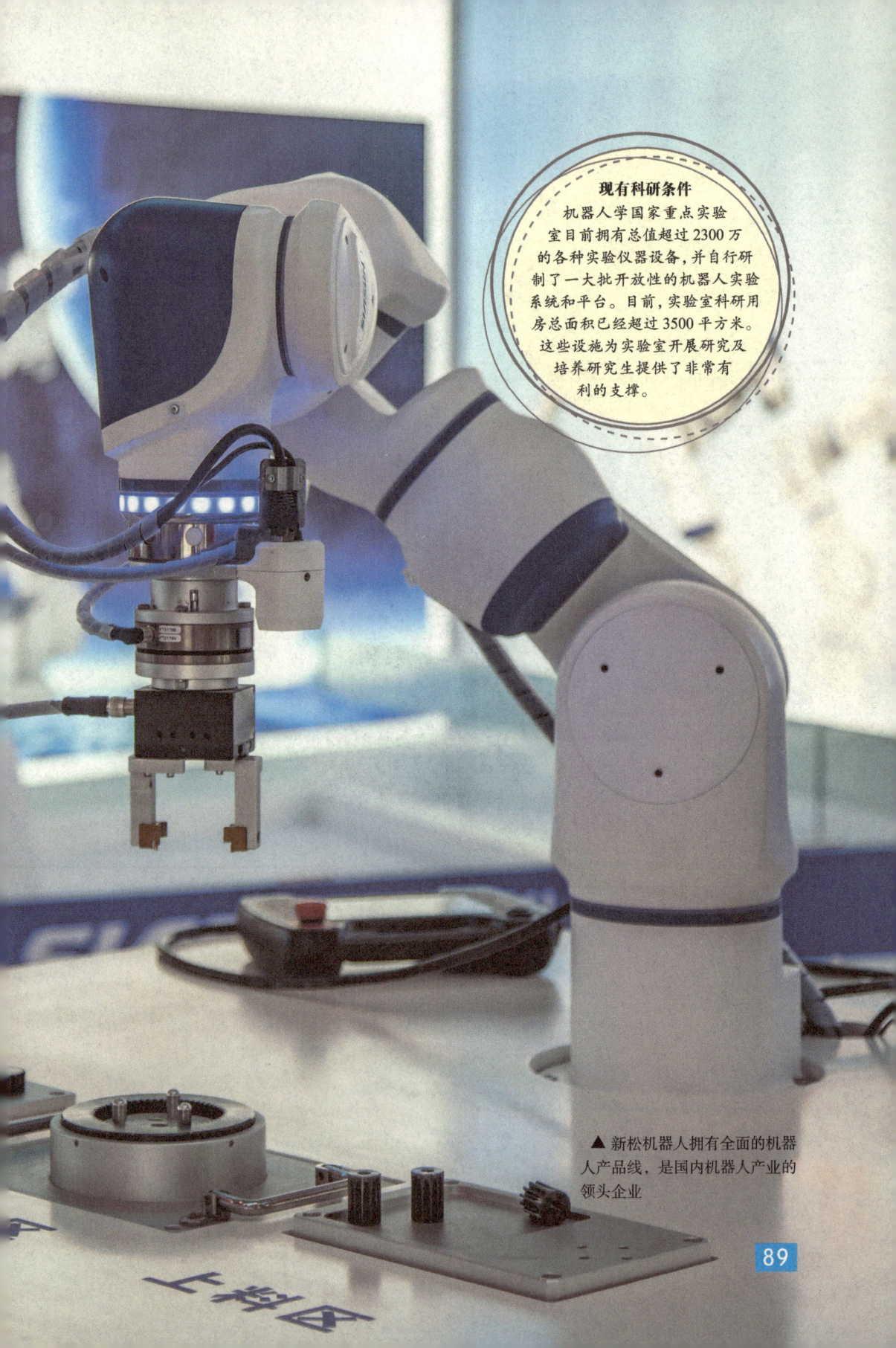

▲ 新松机器人拥有全面的机器人产品线，是国内机器人产业的领头企业

图书在版编目(CIP)数据

机器人 / 前沿科技科普丛书编委会编.—西安：
西安电子科技大学出版社, 2023.11
（前沿科技科普丛书）
ISBN 978-7-5606-6671-6

Ⅰ.①机… Ⅱ.①前… Ⅲ.①机器人—青少年读物
Ⅳ.①TP242-49

中国版本图书馆 CIP 数据核字(2022)第 209092 号

策　　划　邵汉平　穆文婷
责任编辑　邵汉平　刘芳芳
出版发行　西安电子科技大学出版社(西安市太白南路 2 号)
电　　话　（029）88202421 88201467　　　邮　编　710071
网　　址　www.xduph.com　　　电子邮箱　xdupfxb001@163.com
经　　销　新华书店
印刷单位　广东虎彩云印刷有限公司
版　　次　2023 年 11 月第 1 版　　2023 年 11 月第 1 次印刷
开　　本　787 毫米×960 毫米　　　1/16　　　印张　6
字　　数　100 千字
定　　价　26.80 元
ISBN　978-7-5606-6671-6/ TP
XDUP　6973001-1
*****如有印装问题可调换*****

西安市科技局科普专项支持（项目编号：24KPZT0015

前沿科技科普丛书

机器人

JIQIREN

前沿科技科普丛书编委会 编

西安电子科技大学出版社